服装裁剪手册系列丛书

宋莹 邹平 编著

时尚女上装款式及裁剪

东华大学出版社·上海

前　言

　　女装式样千变万化，造型极其丰富，既有外观形式上的差别，又有内部结构的不同，因此通过良好的结构设计来完美呈现服装款式的造型是一个必不可缺少的过程。

　　随着经济的发展与社会的进步，人们的衣着打扮已不断趋向多样化与个性化。特别是女装更呈现出风格各异、样式时尚、结构多变的特点。有鉴于此，研究各类女装的款式及结构设计方法，快捷而又合理地获得优美的女装造型与板型，以表现服装设计师们所追求的独特着装风貌，是顺应时代的发展和满足人们的需求。

　　本书精选了衬衫、西服、风衣、大衣、外套、夹克等多种类别的代表性女装实例，由浅入深地剖析了其造型特点、结构设计原理与方法及变化应用，帮助读者理清各类女装款式设计的核心理论与技术。本书注重结构原理与制图方法，内容完整系统，涵盖面广，并通过图片与文字相结合以及准确清晰的结构制图，使读者可以轻松读懂。本书的结构设计实例均采用实物图的方式，其款式时尚感、实用性较强，具有很强的可操作性。全书基于服装结构理论及实践上，经多次实践、修改、易稿而成。

　　本书作者长期以来工作在服装结构与设计教育第一线。共有三位专业人士共同参与本书的编写。本书第一章由邹平编写；第二章由李敬伊编写；第三章、第四章、第五章、第六章、第七章由宋莹编写。全书由宋莹统稿。

　　在此，对给予本书各方面无私帮助的所有同仁们致以深深的谢意！鉴于作者水平有限，书中尚有不妥之处，恳请同行、专家们给予指正。

宋　莹

扫描二维码，可免费
在线浏览款式彩色图

目　录

第一章　服装结构基础知识

第一节　常用服装术语与符号

一、常用服装术语

（1）领窝：前、后衣片与领子缝合的部位。

（2）门襟、里襟：上衣前中心重合的部分。

（3）搭门：门襟与里襟相重合的部分。

（4）止口：搭门、领子和口袋等边缘部位。

（5）缉止口：沿服装止口边缘缉线。

（6）挂面：也称过面，即门襟和里襟的贴边。

（7）育克：指服装上的横向拼接线。

（8）驳头：衣片上随领子一起翻出的挂面上段部分。

（9）驳口线：也称翻折线，指驳头翻折处的直线。

（10）串口线：与驳口线相交的直开领斜线。

（11）省道：因适合人体曲线的造型需要而将多余的量缝去，如胸省、腰省等。

（12）褶裥：根据造型或设计上的需要，将多余部分折叠熨烫，缝住一端，另一端散开。有单褶、双褶以及明褶、暗褶之分。

（13）开衩：为服装造型及穿脱、行走方便的需要而设计的开口形式。

（14）缝份：也称缝头或做缝，为缝合衣片在净尺寸线外预留的部分。

（15）对位记号：也称刀眼或剪口，在衣服的需要部位打上剪口，缝纫时将剪口记号相对，剪口记号与拼缝线相对。

（16）翘式：也称起翘。画线时在一条直线上逐渐偏离直线而形成一段的弧线，称翘式。

二、常用服装制图代号

为书写方便以及制图画面的整洁，常常在服装制图中引进部位代号。其大都是以相应的英文名词首字母或两个首字母的组合表示，如表1-1所示。

表1-1　常用服装制图代号

名称	代号	英文名称说明
胸围	B	Bust
乳下围	UB	Under Bust
腰围	W	Waist
中臀位	MH	Middle Hip
臀围	H	Hip
胸围线	BL	Bust Line
乳峰线	BPL	Bust point line
腰围线	WL	Waist Line
中臀围线	MHL	Middle Hip Line
臀围线	HL	Hip line
肘线	EL	Elbow line
膝线	KL	Knee Line
乳峰点	BP	Bust Point
侧颈点	SNP	Side Neck Point
前颈点	FNP	Front Neck Point
后颈点	BNP	Back Neck Point
肩点	SP	Shoulder Point
袖窿	AH	Arm Hole
头围	HS	Head Size
前中心线	FC	Front Center
后中心线	BC	Back Center

三、常用制图、裁剪、缝纫符号

制图、裁剪、缝纫符号是在进行制图、裁剪、缝纫操作时为便于识别和避免识别差错而统一制定的标记。表1-2所示为常用制图、裁剪、缝纫符号。

表1-2 常用制图、裁剪、缝纫符号

名　称	符　号	说　明
轮廓线	——	又称净线、制成线、净缝线，以粗实线表示。裁剪时必须在此线外加缝份
基础线	——	衣片各部位制图时的辅助线，以细实线表示
连折线	-·-·-	表示衣片连线相向连折（如后中心线、驳口线等），不能剪开
等分线	⌢⌢⌢	表示衣片某一线段分成若干相等的小段
拼接	◄	标在衣片拼接端，表示符号左右衣片以中间直线为拼缝拼接
对格	┼┼	表示需要和衣料的格纹对准
对条	═	表示需要和衣料的条纹对准
对花	▷◁	表示需要和衣料的花纹对准
扣眼位	⊢—⊣	服装上扣眼位置的标记
钻眼位	⊕	上下层需钻眼对位的符号
点眼位	○	关键点位置的标记（如确定省尖、袋口等位置）
纽位	⊗	服装上钉纽扣位置的标记
对位	⌄	表示衣片需对位打剪口的位置
明裥	——	表示裥面在上的褶裥
暗裥	——	表示裥面在下的褶裥
褶裥	——	表示沿弧线方向由高向低折叠成褶裥
缩裥	～～	表示用衣料直接收缩成皱裥，标在皱裥所在轮廓线旁侧
省缝	◄	表示从衣片轮廓线开始收省的省缝，如肩省
	◇	表示位于衣片中间的省缝，如上衣腰省
经向	⇄	箭头指向表示衣料的经向，裁剪时衣料经丝方向与箭头平行

名　称	符　号	说　明
倒　顺	←	箭头所指方向为衣料顺毛方向
直　角	⌐	制图时表示两条直线互相垂直
重叠等长	⋈	表示相关衣片交叉重叠，衣片在重叠部分格子保持完整，如侧缝的交叉重叠等，同时还标有等长符号
同　寸	▲●■◎	代替标注尺寸的数值。同符号表示直线或弧线长度相同
剪　切	⊸	按所指方向对纸样进行剪切、修正，以达到造型需要
否　定	X	表示错误线条作废的记号，要直接打在错线上
标注尺寸	⊢——→	表示裁片部位的长度
明　线	⸻	衣片表面的缉线标记。实线表示衣片某部位的轮廓线，虚线表示缉线线迹
整　形	⊖	由同一块面料制成但不在同一纸样上的某一部位，需要在原结构线两侧标出整形符号，表示原结构线两侧为同一整体，不能剪开
罗　口	⫿⫿⫿	表示装罗口的位置，如衣摆、袖口处等
拉　伸	<<<	表示在某一部位需要做熨烫拉伸
归　拢	⌒	根据体型需要，衣片在缝制时应稍加缩短的部位，如后片肩缝处等
拔　开	⌃	根据体型需要，衣片在缝制时应稍加拉宽的部位，如衣片侧缝腰围处等
塔　克	⸻	表示衣片被连续折叠成狭条后用缝纫机缉线

第二节　常用服装制作工具

　　在整个服装制图和缝制过程中需要用到很多工具，能否正确和熟练地使用这些工具，关系到服装制作的质量、效率和水平。常用的部分服装制图和缝制工具见图1-1。

多功能尺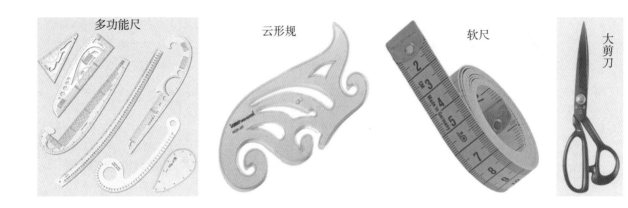

云形规

软尺

大剪刀

自动铅笔

小纱剪

锥子

比例尺

画粉

缝纫线

梭皮、梭芯

熨斗

缝纫机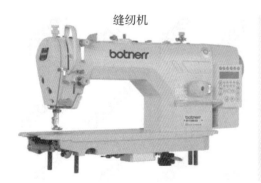

缝纫机针

压脚

手缝针

图 1-1　部分服装制图、裁剪、缝纫、熨烫工具

4

（1）工作台：用于制图和裁剪服装。桌面要平整，可用三夹板或密度板覆面。桌子的规格一般长2m、宽1m、高0.8 m。这样的桌子正好可放下90 cm门幅的面料（宽幅面料也可叠成双层进行裁剪），制图和裁剪都比较便利，对小型服装加工店及家庭而言都比较适合。

（2）纸张：常用的纸有白纸、牛皮纸和卡纸等。一般制图用白纸、牛皮纸，卡纸用来制作净样板，如袋、领子、挂面等，以达到制作的精确。

（3）尺：制图用的尺有软尺、直尺、弧线尺、曲线扳、三角尺等。软尺用于量体、量取图纸中的弧长，如袖窿、领窝等。直尺用于图纸中直线的绘制。弧线尺、曲线板用于袖窿、领窝部分的弧线绘制。

（4）钻子：用于图纸中省位、裥位、袋位等的定位，也可用于复制纸样。做衣服时，可用于衣服左右两片的袋位、省位等的定位，以免出现高低和大小不一的现象。在缝纫时，钻子可用来挑出缝好的领角、摆角和袋角等。

（5）点线器：主要用于复制样板，或用于复制图纸上重叠交叉的部位，把需要复制的部位用点线器描下来，再制成样板。

（6）刀眼器：其作用是在图纸中需要对位的地方打剪口。如果没有刀眼器，则可用剪刀剪三角形剪口，其深度不得超过0.5 cm，宽度约0.3 cm。

（7）剪刀：有制板时剪纸用的剪纸刀、裁布用的裁剪刀和车缝时用的小剪刀等。

（8）铅笔：在制图时一般采用绘图铅笔，常用的有H、HB、2B等。选用笔的软硬度可根据使用者的习惯和爱好决定，只要将图意表达清楚即可。

（9）透明胶带纸：用于图纸的拼接、粘贴、改错等。

（10）画粉：将制好的服装纸样复制在面料上时需要用画粉来完成。

（11）镊子：用来替代手触不到或手指难以到达的地方，如翻领角、袋角、摆角等部位。在缝制衣服时也可用镊子将布轻轻地推送至压脚，还可用它来拆缝制线。

（12）针：常用的针有家用缝纫机针、工业缝纫机针、手缝针、大头针等。缝纫机针的规格不同，粗细也不同。9号、11号机针主要用于轻薄面料，11号、14号机针主要用于中等厚度面料，14号、16号机针则主要用于厚型面料。手缝针也要根据面料的厚薄来选择。手缝时一般面料用6号、7号针，轻薄面料用8号、9号针。大头针主要用在缝纫前将对位处、里面缉缝处、拼接处等部位别住固定，以防缝制时面料变形。

（13）线：常用的缝纫线有涤纶线(60S/3股、40S/3股)，还有用于轻薄面料的精梳棉丝光线(60S/3股、80S/3股)、涤棉混纺线(60S/3股)等。线密度越小（支数的数值越大）则表示线越细。用线的粗细可根据面料的厚薄及性能来决定。

（14）压脚：缝纫机是靠压脚与送布牙的配合来进行缝纫的。压脚种类很多，主要有平压脚、单边压脚、隐形拉链压脚、卷边压脚等，其功能各不相同。平压脚用于一般的缝纫；单边压脚在缝制普通拉链和滚边嵌线时十分方便；隐形拉链压脚用来缝制隐形拉链；卷边压脚用于缝制卷边。

除上述工具外，还有缝纫机的配件梭芯、梭壳，以及用来插针的针插包等。

第三节 女上衣长度的选择和围度放松量的确定

一、女上衣长度的选择

女上衣长度指衣长（连衣裙长）、袖长等，它是根据款式的要求、穿着者的喜好及流行等因素来决定的。

1. 衣长的选择

见图1-2。

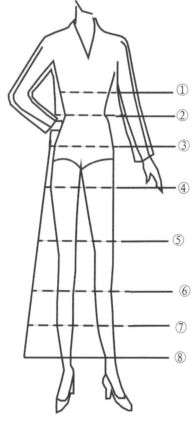

图1-2 衣长的选择

（1）腰线以上的短上衣：衣长在腰线以上5cm左右。在穿着时通常露出身体的一部分，一般为活泼好动的年轻女性所喜爱。

（2）腰线上下的短上衣：衣长在腰线上下。款式除了夏季短装外，还有春秋季服装，如齐腰宽松的短上衣、短夹克、短马甲、短皮衣、短棉袄等。此类服装较前者普遍，深受年轻姑娘的喜爱，使穿着者富有朝气。

（3）一般短上衣：衣长在臀围线以上、腰围线以下。款式以衬衣、马甲、短西装为主。

（4）一般上衣：衣长在臀围线以下一个手长左右。一般为春秋季上衣，款式有短风衣、长马甲、西装等。

（5）一般外套：衣长在膝盖以上、臀围线以下。款式有风衣、短大衣等。

（6）长外套：衣长在膝盖以下、脚踝以上。款式以长大衣、长风衣为主。

2. 袖长的选择

见图1-3。

袖长：是指从肩点经手臂的肘点量至款式所需的长度。

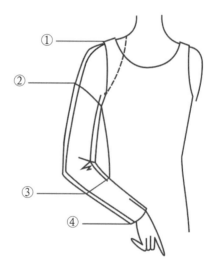

图1-3 袖长的选择

（1）无袖：其袖窿靠近肩点。款式有马甲、无袖上衣、无袖连衣裙等。

（2）短袖：袖长在肩点与肘点之间。款式主要有短袖衬衫、T恤衫等。

（3）中袖：袖长在肘点和腕关节之间。

（4）长袖：袖长在手腕处。

二、服装围度放松量的确定

在纸样设计中，不仅要考虑服装穿着的美观性，还要考虑人体活动时的舒适性，即除了符合人体外形的静态尺寸外，更要考虑人体运动时的动态尺寸。因此，要予人体的活动部位一定的放松量。满足人体一般活动要求而不对人体外表产生一定压力时的放松量，是服装的基本放松量。根据科学测定，人体在运动时体表会伸长，表1-3所列的人体主要部位在运动时的体表最大伸长率，是决定服装围度放松量的主要依据。

表1-3 人体主要部位的体表最大伸长率

部位	横向最大伸长率（%）	纵向最大伸长率（%）
胸部	12~14	6~8
背部	16~18	20~22
臀围	12~14	28~30
肘部	18~20	34~36
膝部	18~20	38~40

从表1-3中可以看出，人体的不同部位其横向、纵向的伸长率是不同的，因此在设计服装的放松量时应考虑伸长率的大小。此外，还要考虑服装的穿着层次和款式造型对服装放松量的影响，以及不同的面料（如针织面料由于具有弹性，其放松量可以为0，甚至围度尺寸小于净体尺寸）、不同的季节、不同的穿着场合都有不同的放松量。另外，不同的穿着对象其放松量也是不同的。一般情况下，老年人和儿童穿着的服装宜多放，便于活动；年轻人穿着的服装可以少放些，以显得精干、有活力。

第四节　服装样板缝份加放

一、缝份加放依据

服装样板缝份的大小，一方面要根据设计要求、面料的结构特点、缝制工艺要求来决定。另一方面要根据面料价格的高低来决定缝份的大小。如面料价格较高的可以适当多留一些缝份，作为体型发生变化时的调节量。如西裤的后裆缝可以留出3.5cm的缝份。

此外，工艺制作时的缝型不同、服装部位不同，其缝份的加放也不尽相同。具体样板缝份加放量参见表1-4和表1-5。

表1-4 缝份加放参考表

名称	说明	参考放量（cm）
分开缝	平缝后将缝份向两边分开并烫平	1~1.2
坐倒缝	平缝后将缝份倒向一边并烫平	1
来去缝	正面看不到缝线，常用于薄型面料，免去锁边工序	1.2
内包缝	正面可见一条线迹，反面可见两条线迹，常用于肩缝、袖缝等	上层0.7~0.8 下层1.5~1.8
外包缝	正面可见两条线迹，反面是一条底线线迹。常用于牛仔裤侧缝和夹克衫等服装	上层0.7~0.8 下层1.5~1.8
平绱缝	小片小件与主件齐边平缝	1
弯绱缝	绱弯曲不直的一边或两边，如绱袖子、绱领子等	0.8~1
平叠缝	也叫搭接缝。上下两层缝份重叠缝合	0.8~1
缝边	也称止口	0.7~1

表 1-5　折边放量参考表

部位	参考放量（cm）
底摆	上衣：毛呢类为4，一般为3~3.5；衬衫为2~2.5；大衣为4.5~5
袖口	与底摆放量相同即可
裤口	一般为3.5~4；高档面料为5；短裤为3
裙摆	一般为3~3.5；高档面料为4
口袋	明贴袋的无袋盖款式为3.5，有袋盖款式为1.5；小袋的无袋盖款式为2.5，有袋盖款式为1.5
开衩	一般为1.7
开口	装拉链或钉纽扣：一般为1.5~1.7

二、缝份加放方法

1. 基本原则

缝份要与轮廓线或针迹线平行加放，原则上宽度一致。见图1-4。

这种缝份加放的优点是方便、迅速，但也存在一些问题。如：若两个裁片端角缝份大小不等，加工时容易错位，使得缝制精度下降。要解决这个问题，必须采取这样的方法：（1）缝合线打对位剪口；（2）端角的缝份做成四角形且对应相等。只有这样才能保证缝纫质量。如图1-5所示。

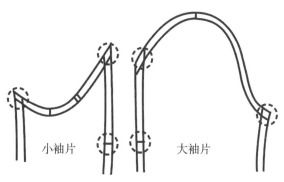

图 1-4　缝份与针迹线加放示意图

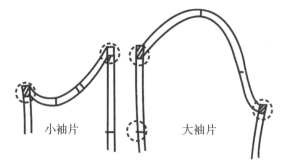

图 1-5　四角形端角缝份示意图

2. 四角形端角的缝份加放

延长净线（针迹线），与另一个缝份的边缘相交，过交点做一条直线垂直于净线（针迹线），然后按缝份宽度做出四角形，见图1-6。

在设计端角缝份时，一般是从针迹线交叉角大的裁片开始。如果交叉角相等，那么从任一片开始都可以。见图1-7：①为针迹线交角a>a'，因此先设计交叉角大的一片。②为端角缝合后分缝烫开后的示意图。若交叉角a=a'，则先设计任一片的端角都可以。

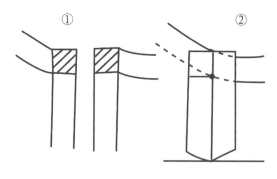

图 1-6　四角形端角缝份的加放

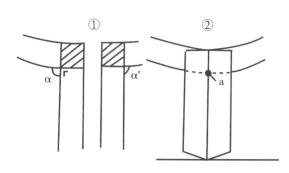

图 1-7　设计端角缝份时的处理

3. 无里布服装缝份加放方法

四角形加放端角缝份中也有例外的，如夹克、外套等不加里布时，领口及袖窿处扔按上述方法加放端角缝份，缝合后分缝烫开就会发现缺少一部分缝份（阴影部分），与其他部件组装后既不牢固也不美观，见图1-8。其解决方法：过针迹线交点a向里取一个缝份的宽度定点b，过b点做针迹线的平行线与另一个缝份交于c点，再过c点做bc线的垂线，取两个缝份宽做端角缝份，如图1-9中①所示。缝合分缝烫开后，将多余部分（阴影部分）剪掉，如②所示。

4. 底摆、裤口、袖口等部位折边缝份加放方法

前/后衣片的底摆、裤口、袖口等部位的折边，如按平行针迹线加放缝份，当面料与面料、里料与里料缝合时，就会出现尺寸不一、互不伏贴的现象，严重影响了成衣的外观质量。如图1-10所示，a长度大于b长度，而折边a向上翻折后应与b线长度相等且完全重合，所以这种缝份加放方法是错误的。

正确的方法应将折边线向上翻折，使a线与b线重叠，然后沿纵向缝份清剪，使a线与b线等长。如图1-11所示。

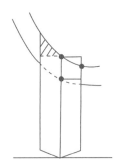

图1-8 无里布时四角形端角缝份加放的错误处理

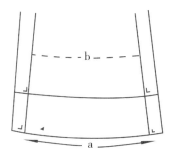

图1-10 折边缝份加放的错误处理

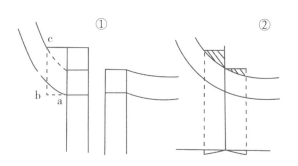

图1-9 无里布时端角缝份加放的正确处理

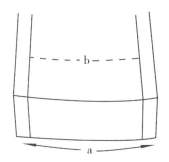

图1-11 折边缝份加放的正确处理

第二章　服装原型知识与原理

第一节　原型制图

一、女上装衣身原型结构制图

衣身原型是覆盖腰节以上躯干部位的基本样板，本书以第八代日本文化式原型（即新文化原型）为标准制作样板，后面章节中的服装样板均在该样板基础上进行结构制图。

（一）衣身原型上主要结构线的名称

见图2-1。

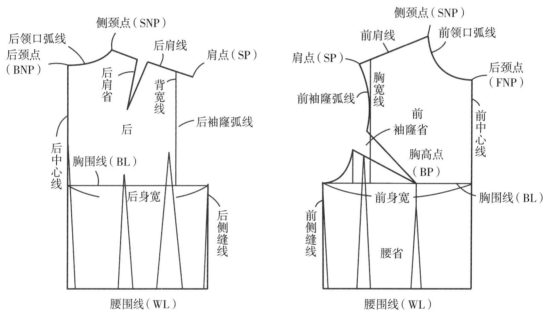

图2-1　衣身原型上主要结构线名称

（二）衣身原型的制图规格

见表2-1。

表2-1　身原型制图规格（单位：cm）

号型	部位名称	净体尺寸	成品尺寸
160/84A	背长	38	38
	胸围（B）	84	96

（三）制图方法及步骤

1.基础线绘制

如图2-2所示。①纵向取背长，绘制一条竖直线段，即后中心线。②横向取B/2+6cm（松量），绘制一条与之相交的垂直水平线段。③绘制前中心线。④在后中心线上取后袖窿深=B/12+13.7cm，绘制胸围线。⑤取后背宽=B/8+7.4cm，绘制背宽线。⑥绘制后上平线。⑦后上平线下落8cm，绘制肩胛骨处的辅助线。⑧取前袖窿深=B/5+8.3cm，绘制前上平线。⑨取前胸宽=B/8+6.2cm，绘制胸宽线。⑩在胸围线上将前胸宽等分，中点偏左0.7cm处为BP位置。⑪在袖窿处做两条辅助线确定G点，然后绘制侧缝线。

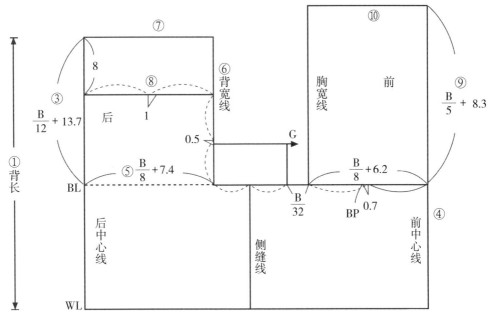

图 2-2　绘制衣身原型结构的基础线

注：图中 B 指净胸围。

2. 画领口线、肩线、袖窿线、省道

如图 2-3 所示。

（1）画领口线、肩线、袖窿线、省道

以前领宽 =B/24+3.4cm、前领深 = 前领宽 +0.5cm，绘制矩形框，连接对角线并进行三等分，最下方的等分点向下 0.5cm 作为一个辅助点，绘制前领口弧线。前肩斜为 22°，绘制肩线。

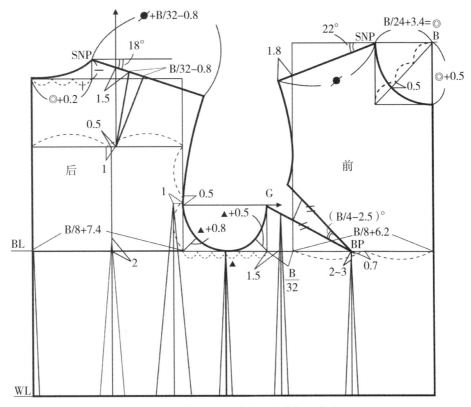

图 2-3　绘制领口线、肩线、袖窿线、省道

注：图中 B 指净胸围。

（2）绘制后领口、后肩线，标注后肩省

后领宽＝前领宽+0.2cm，后领深＝后领宽/3。绘制后领口弧线。后肩斜为18°，后肩宽＝前肩宽＋肩省大（B/32−0.8cm）。

（3）标注袖窿省，绘制袖窿弧线

袖窿省的两条省线之间的夹角为（B/4−2.5）°，省线长度相等。寻找辅助点，绘制袖窿弧线（AH）。

3.完成的衣身原型结构图

如图2-4所示。

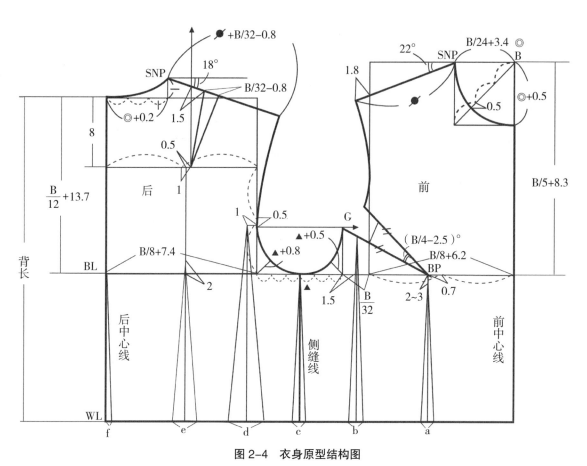

图2-4　衣身原型结构图

腰省量的分配如表2-2所示。

表2-2　腰省分配表

总省量	f	e	d	c	b	a
100%	7%	18%	35%	11%	15%	14%

二、女上装袖子原型结构制图

（一）袖原型上各部位主要结构线的名称

见图2-5。

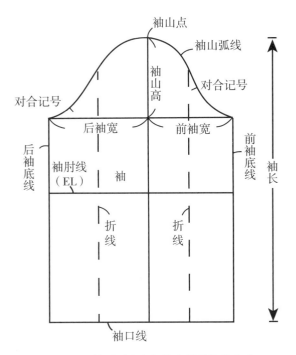

图2-5　袖原型上各部位主要结构线名称

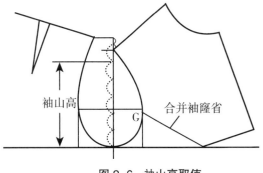

图2-6　袖山高取值

2.绘制前/后袖山斜线

从衣身原型分别量取前/后袖窿弧线（AH）以确定前/后袖山斜线长度。前袖山斜线长＝前AH，后袖山斜线长＝后AH+1+△，如图2-7所示。注：△为调节量，随人体净胸围变化而变化，如表2-3。

（二）制图规格

绘制袖原型需要的尺寸是袖长，按照160/84A的人体基本尺寸，臂长=52cm（肩端点经手肘至手腕围凸点的长度），成品袖长=臂长+5=57cm（肩端点经手肘至手掌长/3的长度）。

（三）制图方法及步骤

1.确定袖山高

如图2-6所示。将衣身原型的袖窿部分拷贝出来，合并前片的袖窿省。将前衣身侧缝线向上延长，从前后肩点分别做水平线。将前、后肩点高度差等分，再从等分点到腋下点之间进行6等分，即袖山高为袖窿深的5/6。

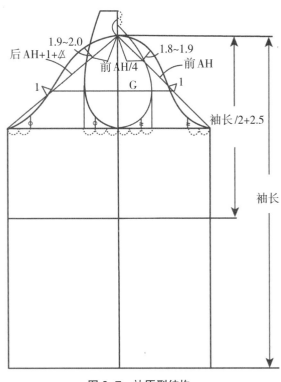

图2-7　袖原型结构

表2-3　后袖山斜线调节量取值表（单位：cm）

净胸围	77~84	85~89	90~94	95~99	100~104
调节量	0	0.1	0.2	0.3	0.4

第二节　女性体型特征分析

骨骼决定人的外部形态特征。由于生理上的原因，男女的骨骼有较明显的差异。男性的骨骼一般粗壮而突出，并且上身较发达，而女性则相反。其体型的外部特征呈现出：男性一般肩较宽，胸廓体积大，骨盆窄而薄；女性肩窄而小，胸廓体积小，骨盆宽而厚。这样就形成了男性体型为倒梯形，女性体型为正梯形。见图2-8。

肌肉及表层组织的差异决定男女服装在造型上具有各自的特点：男性外形虽然起伏不平，但整体特征却显得平直，呈现出筒型；女性外形虽光滑圆润，但整体特征却起伏较大，呈显出优美的S形曲线，见图2-9。

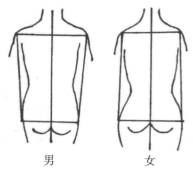

图2-8　男/女体型差异（背面）

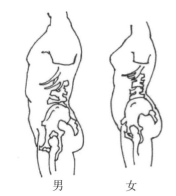

图2-9　男/女体型差异（侧面）

第三节　省道原理分析与变化

一、省道的形成

在服装设计中省道是完成从平面到立体的必要手段。由于女性的体型起伏很大，为了使缝制后的服装穿上后适合人体，就要把相对于人体凹进部位的多余布料处理掉（见图2-10），这被处理掉的部分就是省道（若省道不用线缝死，则称为褶）。服装越紧身合体，省就越显得

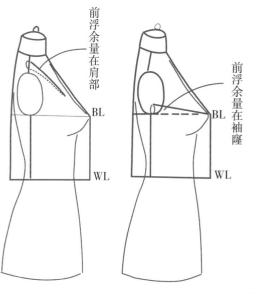

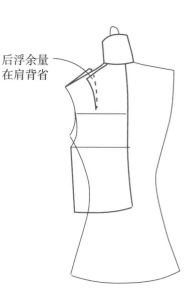

图2-10　省道的形成

重要。很宽松的服装一般就不收省。省的大小、部位与人体的体表特征密切相关。下面可以通过实验来进一步观察胸省的形成过程。

如图2-11所示，把胸部想像成近似锥形。如图2-12所示，A为乳点，用一张卡纸做一个圆形，从中取两个不同的扇形，且分别去掉，从而做成两个锥体，从其外观造型看，若去掉的扇形面积小，则立体造型显得扁平；若去掉的扇形面积大，则其立体造型突出。剪一块圆形的布放到圆锥上，将布与圆锥相贴合，这时会有多余的量产生，这个量在服装上称为省道，取下圆锥上的纸并放平，平面图中省的形态如图2-13所示。

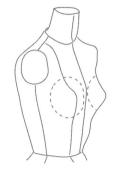

图2-11　胸部呈锥形

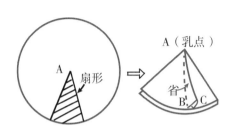

图2-12　锥形状中的省道状态

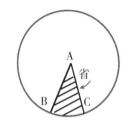

图2-13　平面图中省道状态

由实验可知，立体感强的锥体，其收的量大，立体感小的锥体，其收的量少。因此省有如下特点：

（1）它是平面向立体转化的必要手段，而且在省道长度相等的情况下：省量越大，其立体感越强；省量越小，其立体感越差。

（2）不管从外缘的任何一点收缩，最终都要集中到顶点，这样才能得到相适应的形状。

（3）无论从外缘的哪一点收缩，收缩的夹角相同，收缩点也相同。

由以上可知：在突出部分的外缘需要设置省道，省尖必须指向突出部分的顶点。由于人体是一个凹凸不平的复杂曲面，因此在设计合体服装时，需要在多部位设置省道，如胸部、腰部、背部、腹部、臀部等。

二、胸凸全省的意义与分解

1. 胸凸全省意义

胸凸全省是指包括乳凸量、前衣片胸腰差量和限定的设计量的总和。全省的意义在于，它指出了胸部省量设计和使用量的极限。胸省的设计是通过胸凸射线的选择来完成的。

2. 全省的分解

在实际应用中，胸凸全省的设计是很灵活的，通常是不会全部用尽的，而仅仅使用其中的一部分。只有当设计贴身造型的服装时才应用全省，这种设计称为紧身设计；相反，当设计宽松造型的服装时则不用省，这种设计称为宽松设计。日常穿用的服装的胸凸全省介于这两种极限状态之间。因此，省的设计应考虑人们的生活环境、活动范围和审美习惯等多方面的要求。

胸省的设计很灵活，它可从全省中分离出来，根据款式设计的风格来调整设计部位和大小，但其设计必须围绕BP点。

胸腰差省的设计原则是必须设置在腰围线上，且要对准胸围线，但可以不对准BP点，它根据人体胸腰围各部分的差值大小灵活设计。

全省的部分转移，是使全省的部分省量转移到全省位置以外的地方；剩余的部分需在腰围线中作为腰省或松量。通常采用的方法是将胸凸量作为省的转移量，即将前片的弯曲腰线转化成水平线。

三、省道的设计原则

衣片原型是包括数个省道的合身立体造型的平面展开图,在作这些省道的设计和转移变化时,必须遵守以下基本原则:

(1)由体表凸点或凸起区域而产生的省道,可转移但不可消除;

(2)省道可设置在体表凸点或凸起区域边缘的任何位置,且省尖必须指向凸点或凸起区域;

(3)在设计中省道可转移,但其夹角不能改变。如图2-14所示,即当省长线与省的置换切线相等时,省的夹角不变,开口量不变。当省长线与省的置换切线不相等时,省的夹角度仍不变,但开口量发生变化。例如前衣片BP点不位于衣片的中心,因此省道转移后省道的长度会发生变化,省量也不相同,但其夹角不变。此时省道越短,省量越小;省道越长,省量越大。如图2-15所示。

(4)人体中一个部位可以设置一个省,也可以设置两个或多个省;省的形式可以是省道,也可以是碎褶、饰褶等多种形式。

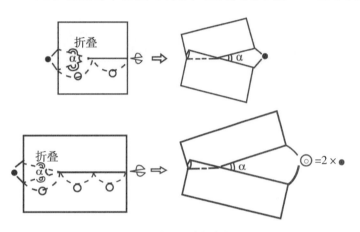

图2-14 省道的移动与变化

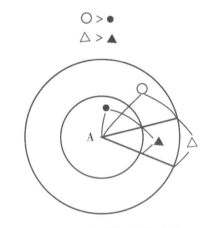

图2-15 省道的移动与变化

四、省道的作用范围

由于人体表面是一个复杂的曲面,所以在设计省道时,尽管省尖的指向是凸点或凸起区域,但不能将省尖作在凸点,要距凸点有些空隙。因此省道的作用范围有两个:一是作用于凸点的指向范围,如胸乳点(图2-16);二是一个区域的指向范围,如腹凸、臀凸等(图2-17)。

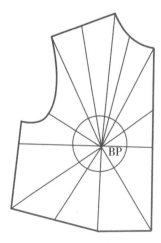

图2-16 胸省射线

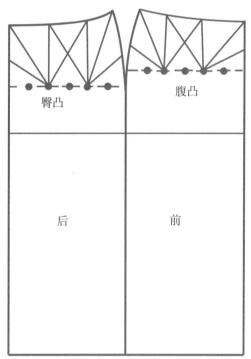

图2-17 腹、臀凸点在同一区域内存在

第四节　省道转移制图实例

由前一节内容可知，全省可分为胸凸省、胸腰差省和设计量三部分，胸凸省是可以通过BP点向前衣片的任何部位转移的，如图2-18所示。在实际运用中通常是先做一个含有一个胸省和一个腰省的基本胸省样板，其胸省设在衣片的侧缝线上（具体制作方法见省道转移方法中的"旋转法"），然后再根据具体的款式将这个侧缝线上的省（即腋下胸省）转移到设计要求的部位。

省道转移的方法有三种：调整前后差法、旋转法和剪开法。

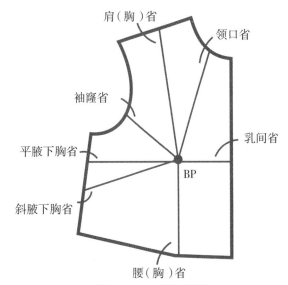

图2-18　省道指向图

一、胸省的分解

胸省是衣身原型前片省道的总称。根据省道的位置不同，可以把胸省分为（如图2-19所示）：① 肩省；② 领省（领口省）；③中心省（门襟省）；④腰省；⑤腋下省（侧缝省、横省）；⑥ 袖窿省。

原型前衣身片含有袖窿省和腰省，其中省尖指向BP点的袖窿省和腰省以BP点为中心进行360°转移，而不指向BP点的腰省则根据服装的合体度决定去留量。

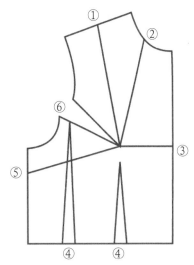

图2-19　前衣身省道设置

二、省道转移的方法

省道转移常用的方法有以下两种：

（1）剪开法。将新省道位置与BP点连线，并沿这条线剪开，然后闭合原来的省道，这样省量就转移到剪开处，完成了转移。如图2-20所示。

（2）旋转法。将新省道位置与BP点连线，然后按住BP点不动，将原型旋转，使原来的省道边线吻合，最后描画从新省道到原省道之间的轮廓线。如图2-21所示。

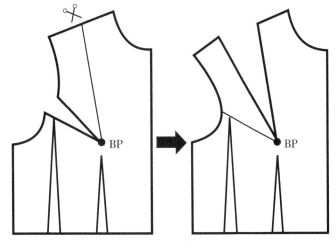

图2-20　剪开法

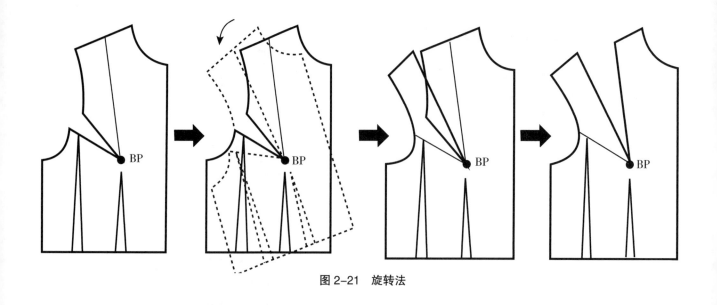

图 2-21　旋转法

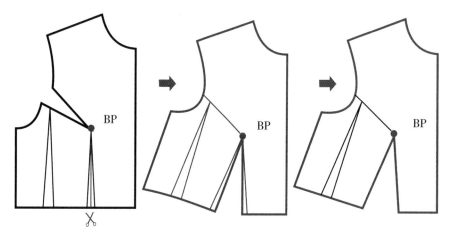

图 2-22　将袖窿省转移为腰省

三、各种省道转移操作实例

1. 袖窿省转移的操作

袖窿省全部转移的操作如图2-22所示；袖窿省分散转移的操作如图2-23所示。

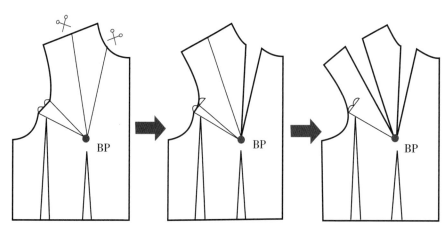

图 2-23　将袖窿省分散转移至领省与肩省

2. 腰省转移的操作

省尖点不指向凸点（BP点）的侧腰省不参与转移。对于较宽松的服装，它的省量可以作为腰部的松量，将省道忽略。对于紧身款式的服装，将侧腰省直接闭合。如图2-24、图2-25所示。

3. 后肩省转移的操作

后肩省是肩胛凸而产生的省量，一般为180°转移，通常转移到袖窿部位和领口部位，成为袖窿省、领省；或者通过转移分散到袖窿、领口作为松量或者缩缝量。常见的有以下几种情况：

（1）将肩省转移为领省，如图2-26所示；肩省转移为袖窿省，如图2-27所示。

（2）将肩省转移为肩部的缝缩量和袖窿的松量，如图2-28所示。

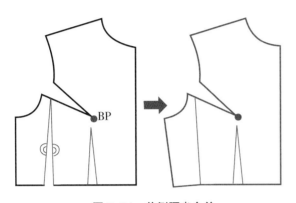

图2-24　前侧腰省合并

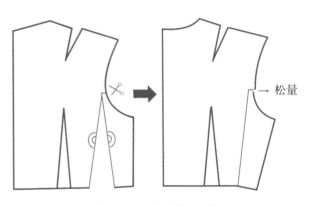

图2-25　后侧腰省合并

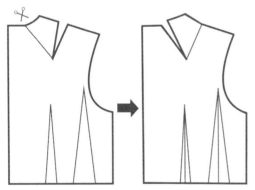

图2-26　将肩省转移为领省

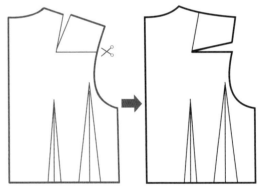

图2-27　将肩省转移为袖窿省

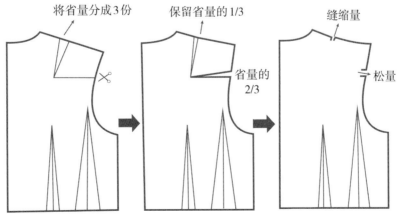

图2-28　将肩省分解为缝缩量、袖窿松量

（3）将肩省转移为肩部的缝缩量和领口的松量，如图2-29所示。

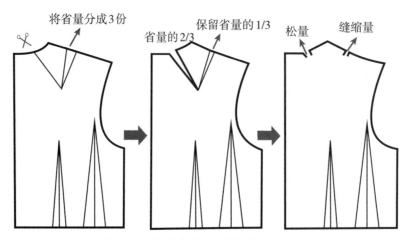

图2-29　将肩省分解为缝缩量和领口松量

（4）将肩省转移为袖窿和领口的松量，如图2-30所示。

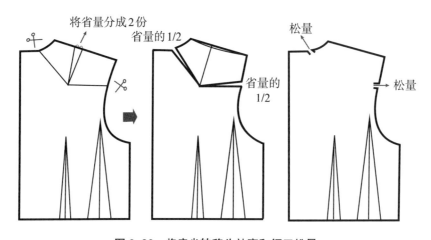

图2-30　将肩省转移为袖窿和领口松量

4. 省尖位置的修正

将前衣身胸省进行转移时，省尖点都直接落在BP点上，然而在实际的纸样设计中，为了美观，省尖点要离开BP点一定的距离。所以省道转移后，还需要对省尖点的位置进行修正。一般情况下，腰省、袖窿省、腋下省、中心省的省尖点距离BP点2~3cm，领省、肩省的省尖点距离BP点4~5cm，如图2-31所示。

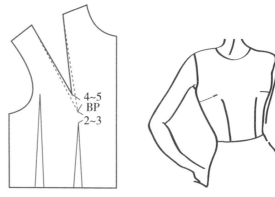

图2-31　肩省的省尖位置　图2-32　肋省与腰省款式图

5. 胸省转移实例

1）实例一：肋省和腰省设计

本款前衣片含有一个横省和一个腰省，如图2-32所示。结构要点如图2-33所示。

（1）根据款式将侧腰省直接闭合，设置肋省的位置线；

（2）将袖窿省量转移到横省；

（3）最后修正省尖点，距BP点2~3cm。

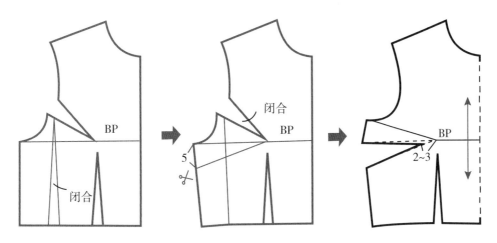

图2-33　肋省与腰省省道转移设计

2）实例二：胸上开门襟后育克设计

本款前片设一个门襟省，上半部分开门襟，后片育克分割，如图2-34所示。结构要点如图2-35、图2-36所示。

前片：

（1）根据款式，胸围线上2cm处设置门襟省的位置线；

（2）侧腰省直接闭合，胸腰省及袖窿省转移至前中门襟省位；

（3）在前上半部分加1~1.5cm的叠门量。

后片：

（1）先闭合侧腰省；

（2）过肩省尖点设置育克分割线；

（3）将肩省转移至分割线。

图2-34　前胸横开省后背育克

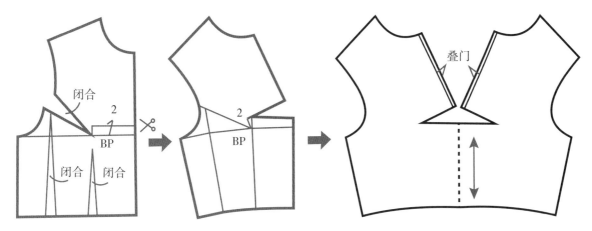

图2-35　前身省转移

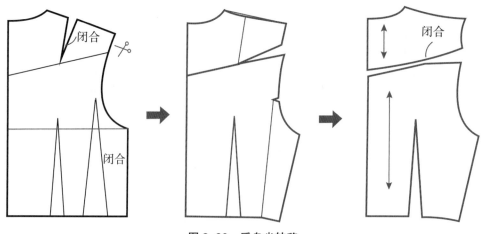

图 2-36　后身省转移

3）实例三：平行双腰省设计

本款前片设两个平行腰省，如图2-37所示。结构要点如图
2-38所示。

（1）根据款式先将侧腰省直接闭合，然后设置横省位，将
袖窿省转移至横省；

（2）距第一个腰省4~6cm，设置平行的第二个腰省位；

（3）将横省等分转移至两个腰省中，横省量转移时，有部
分留在胸部做浮余量（阴影部分）；

（4）最后修正实际省尖点，距BP点2~3cm。

图 2-37　平行双腰省款式图

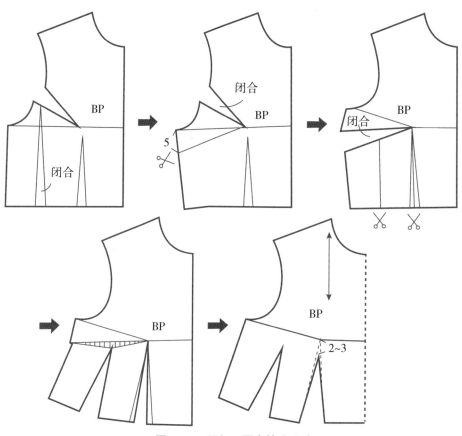

图 2-38　平行双腰省转移设计

4）实例四：不对称平行省设计

本款前衣片设左右不对称的平行省道，一个是肩省，另一个是腰省，如图2-39所示。结构要点如图2-40所示。

（1）根据款式先把侧腰省闭合，腰省量转移至袖窿省；

（2）将衣片对称展开，根据款式确定新省道位置；

（3）将袖窿省量转移至新省道处；

（4）修正实际省尖点，肩省尖距BP点4~5cm，腰省尖距BP点2~3cm。

图2-39　不对称平行省款式图

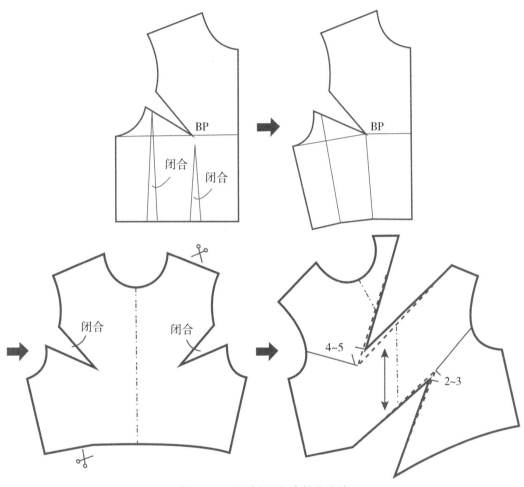

图2-40　不对称平行省转移设计

5）实例五：Y字型中心省设计

本款前衣片设一个斜向的Y字型中心省，如图2-41所示。结构要点如图2-42所示。

（1）根据款式先闭合侧腰省，将腰省量转移到袖窿省，设置新省道位置；

（2）将袖窿省量转移至新省位；

（3）最后修正实际省尖点，距BP点2~3cm。白发渔

图2-41　Y字型中心省款式图

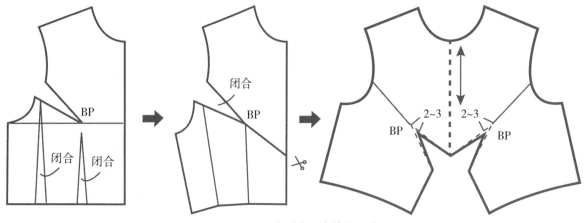

图 2-42　Y 字型中心省转移设计

6. 衣身分割结构设计原理

所谓分割结构设计就是将服装的衣片根据款式需要分割成多个衣片后再缝接。服装中分割线具有两种功能：一种是装饰，在视觉上达到美观的效果；另一种是实现服装的合体性，将各部位多余的量在分割线处修剪掉（与省道功能类似）。分割的基本原理就是连省成缝。

1）实例一：刀背分割线设计

本款是女装中经典的刀背线分割，曲面立体，造型美观如图 2-43 所示。结构要点如图 2-44、2-45 所示。

前身：

（1）将侧腰省闭合，根据款式中分割线的位置，将腰省位向侧缝方向平移 2~3cm；

（2）再用圆顺的弧线连接两个省道（注意：①△ ≈ 肩端点至前腋点的距离；②连接的两条弧线需要在胸围线附近相切 4~5cm）。

图 2-43　刀背分割线款式图

后身：

（1）将后肩省的 1/2 转移到袖窿，后肩省量和袖窿的省量作为吃势松量；

（2）根据款式需要将侧腰省闭合，将腰省向侧缝方向平移 1~2cm 量，从袖窿至腰省画圆顺分割弧线。

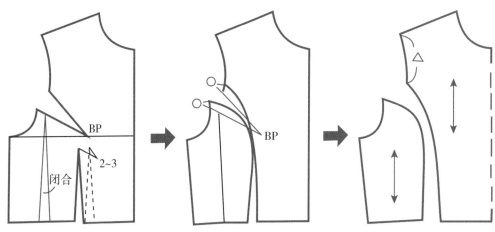

图 2-44　前身刀背分割线设计

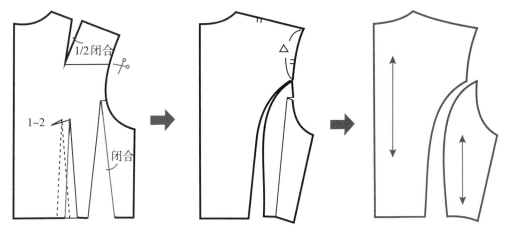

图 2-45　后身刀背分割线设计

2）实例二：公主分割线设计

本款是女装中经典的公主线分割，常应用在女上装结构设计中如图2-46所示。结构要点如图2-47、图2-48所示。

前身：

（1）将侧腰省闭合；根据款式中分割线的位置，将腰省位向侧缝方向平移1~2cm量，顺势确定肩省稍偏移1cm左右量；

（2）用圆顺的弧线连接两个省道（注意：连接的两条弧线需要在胸围线附近相切4~5cm）。

后身：

（1）闭合侧腰省，根据前肩省的位置，调整后肩省和腰省位置；

图 2-46　公主分割线款式图

（2）用圆顺的弧线连接后肩省和腰省（注意：连接的两条弧线需要在肩胛突处相切6~8cm）。

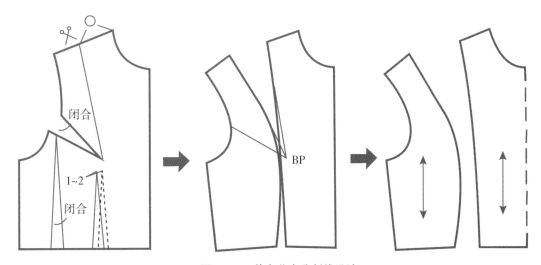

图 2-47　前身公主分割线设计

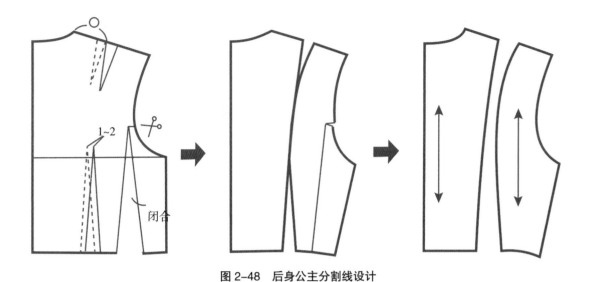

图 2-48　后身公主分割线设计

3）实例三：弧形分割设计

本款中的分割线是根据连省成缝的原理，将前衣片腋下横省和腰省连接，从侧缝到腰围弯弧分割设计，如图 2-49 所示。结构要点如图 2-50 所示。

（1）将侧腰省闭合后，根据款式设置横省的位置线，将袖窿省量转移至横省；

（2）用圆顺的弧线连接两个省道。注意：连接的两条弧线需要在 BP 点附近（4cm 左右）相切。

图 2-49　弧形分割线款式图

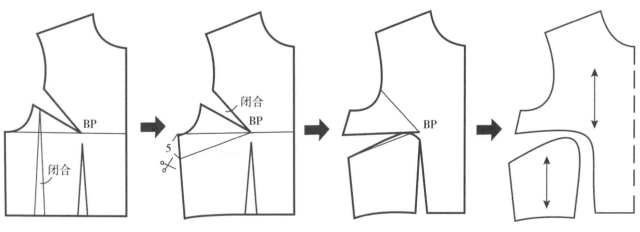

图 2-50　弧形分割线设计

4）实例四：波浪弧分割设计

本例使用老原型更简便。本款是由斜侧缝省形成波浪弧线的分割设计，如图2-51所示。结构要点如图2-52所示。

（1）根据款式绘制一条从BP点通到侧缝的弧型省位线；

（2）将腰省量转移至侧缝弧型省，将波浪型弧线延长至前中线；

（3）修改波浪弧线（连接的两条弧线需要在BP点附近相切4cm左右），将衣片一分为二。

图2-51 波浪弧形分割线款式图

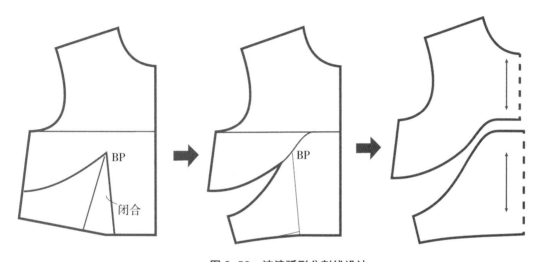

图2-52 波浪弧形分割线设计

7. 衣身褶裥结构设计

褶裥设计是服装结构造型设计的主要手段，在服装中常见的褶裥设计有两种情况：一种是省量（浮余量）转化成褶裥量，另一种是当不能进行省道转移或者省量（浮余量）不够时，考虑衣片剪切拉展。褶裥设计在视觉上既能起到使服装合体并且更具有立体感的效果，又能达到褶裥艺术的立体效果。

1）实例一：前中心碎褶设计

本款在前中心抽碎褶，常应用于连衣裙、晚礼服结构设计，起到塑胸造型的作用如图2-53所示。结构要点如图2-54所示。

（1）根据款式先将胸省和腰省量转移至前中心；

（2）设定抽褶的范围，并修顺前中心线。

图2-53 前中心碎褶

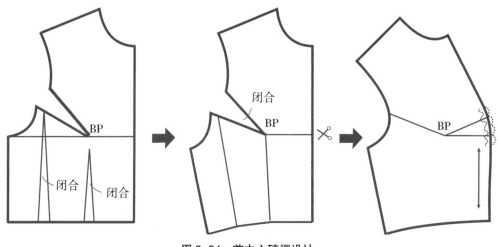

图 2-54　前中心碎褶设计

2）实例二：单肩顺褶设计

本款为左右不对称设计的款式，在右肩部设有四个顺褶，如图 2-55 所示。此款褶量先通过省道调整，再转移获得如图 2-56 所示。

（1）先闭合侧腰省；

（2）根据款式将衣片对称展开，确定新褶位置，同时调整左右袖窿省尖（缩进 4cm），将右腰省向左平移 4cm，与新四褶连点；

（3）将四个省道分别转移为对应的褶裥位。

图 2-55　单肩顺褶款式图

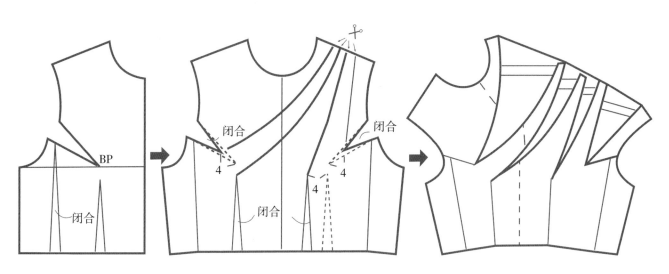

图 2-56　单肩顺褶设计

3）实例三：腰省抽褶设计

本款是在腰省处一侧抽碎褶如图2-57所示。此款褶量不是通过省道转移获得，需要用直接切展的方法获得褶量，如图2-58所示。

（1）先闭合侧腰省，同时将袖窿省量转移至腰省；

（2）在腰省左侧片进行等分，依次连接各等分点做切展线；

（3）根据款式中对褶量的要求，进行单侧展开，各拉展4cm量；

（4）修顺展开后的线条，并修正实际省尖点，距BP点2~3cm。

图 2-57　腰省抽褶款式图

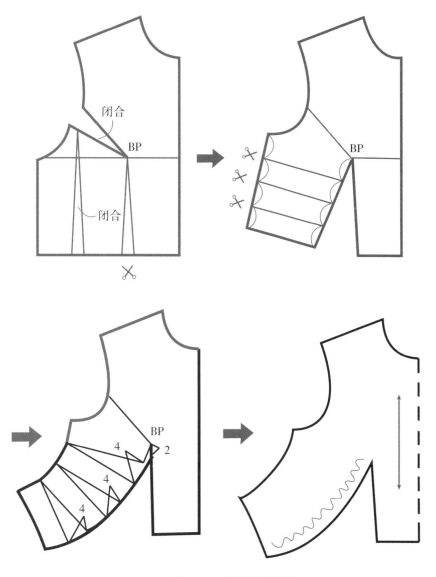

图 2-58　腰省抽褶设计

4）实例四：后肩育克抽褶设计

本款是后身肩背育克分割，衣身抽褶，如图2-59所示。因为是宽松款式，所以忽略腰部的省道，如2-60所示。

（1）将肩省转移至袖窿，并做水平的育克分割线，修顺育克片的轮廓线；

（2）后片加宽，加宽背宽量的1/3，作为抽褶量。

图2-59　后育克抽褶款式图

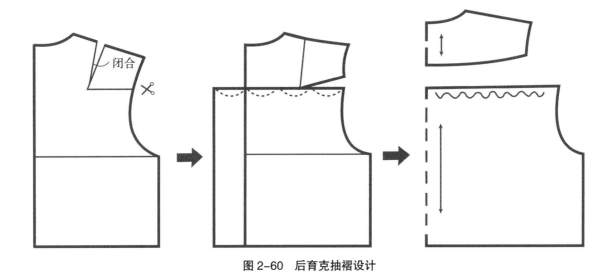

图2-60　后育克抽褶设计

图2-61　腰育克胸下褶裥款式图

5）实例五：腰育克胸下褶裥设计

本款是胸下宝剑型分割为腰育克，胸下分割线处胸部附近有三个褶裥，如图2-61所示。结构要点如图2-62所示。

（1）闭合侧腰省，将袖窿省量转移至腰省；

（2）根据款式画分割线并剪开；

（3）将衣片的下半部分省道合并并修顺轮廓线；

（4）根据款式需要从袖窿到分割线绘制两条切展线，进行单侧展开，展开量为2cm左右。

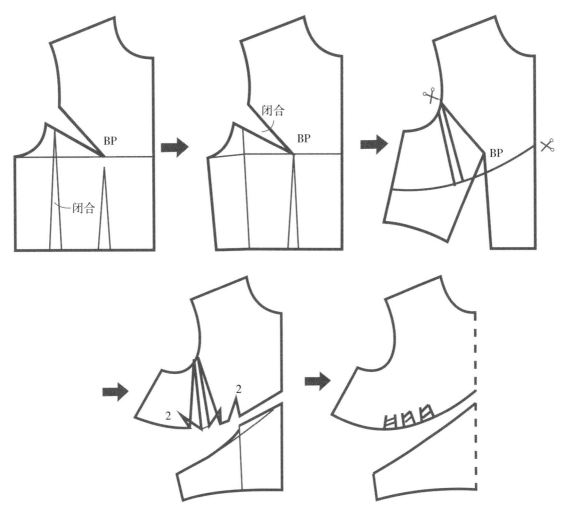

图 2-62　腰育克胸下褶裥设计

第三章　衬衫款式与结构

图 3-1　荷叶边门襟女衬衫款式图

表 3-1　规格表（单位：cm）

号/型	衣长	胸围	肩宽	袖长	袖口
160/84A	65	102	39	60	20

一、荷叶边门襟女衬衫

（1）款式特点与规格：小立领结构，衣身较为宽松。前衣襟处有荷叶边装饰，后背有育克，袖子为一片袖，装袖头，并设有开衩。款式如图 3-1 所示。规格尺寸设计见表 3-1。

（2）结构制图：将后衣身原型肩省合并 2/3，其余部分转移为袖窿松量。如图 3-2 所示。将前衣身原型袖窿省部分合并转移形成 2.5cm 的胸省，其余部分转为袖窿松量。如图 3-3 所示。

衣长为腰线向下 26cm，后衣身胸围加放 2cm，前衣身胸围加放 1cm，袖窿底下落 1cm；前后侧缝向外撇出 1cm。后衣身领口保持原型领口不变，育克高度为沿后领深下落 8cm；前领深沿原型领深下落 1cm。如图 3-4 所示。袖子及门襟结构制图分别如图 3-5、图 3-6 所示。

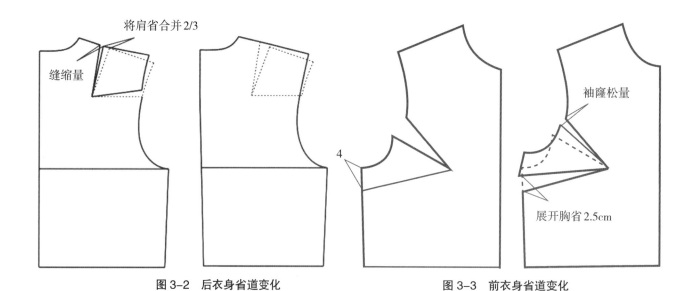

图 3-2　后衣身省道变化　　　　　图 3-3　前衣身省道变化

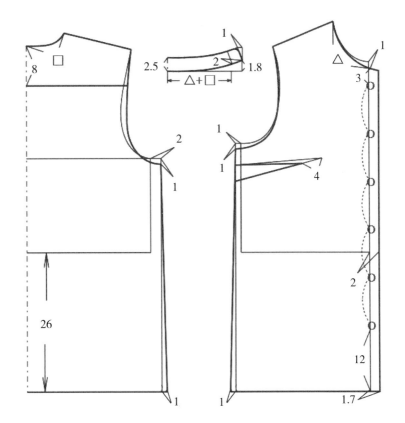

图 3-4　衣身、领子结构图

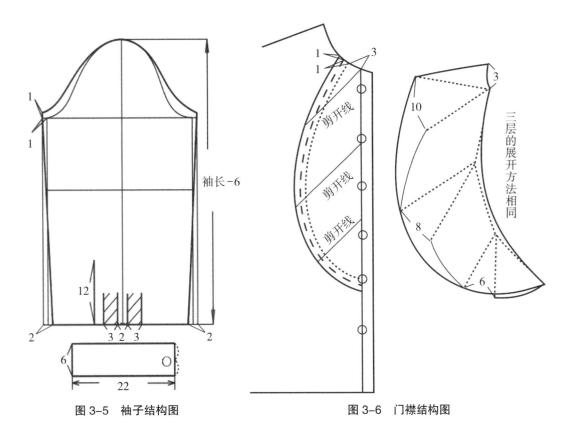

图 3-5　袖子结构图　　　　　　图 3-6　门襟结构图

图 3-7　尖领 / 袖子抽褶女衬衫款式图

表 3-2　规格表（单位：cm）

号 / 型	衣长	胸围	肩宽	袖长	袖口
160/84A	67	96	38.5	57	20

二、尖领/袖子抽褶女衬衫

（1）款式特点与规格：领部为尖领结构；衣身较为宽松，后背有育克；袖子为一片袖，设有褶裥，装袖头且袖口抽褶，并设有开衩。如图3-7所示。规格尺寸设计见表3-2。

（2）结构制图：将后衣身原型肩省合并2/3，其余部分转移为袖窿松量。如图3-8所示。将前衣身原型袖窿省部分合并转移形成1cm的撇胸，其余部分转为袖窿松量与腰部松量。如图3-9所示。

衣长为腰线向下26cm，胸围保持原型尺寸不变，前后袖窿底均下落0.5cm；后衣身设有2cm褶裥。后衣身领口加宽0.5cm，育克高度为沿后领深下落10cm；前衣身领口加宽0.5cm。如图3-10所示。领子及袖子制图分别如图3-11、图3-12所示。

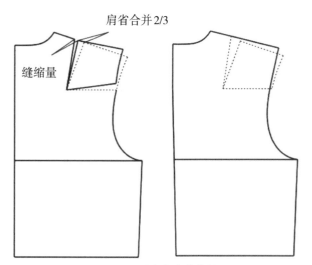

图 3-8　后衣身省道变化

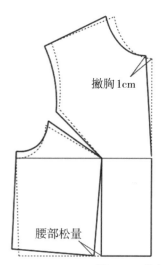

图 3-9　前衣身省道变化

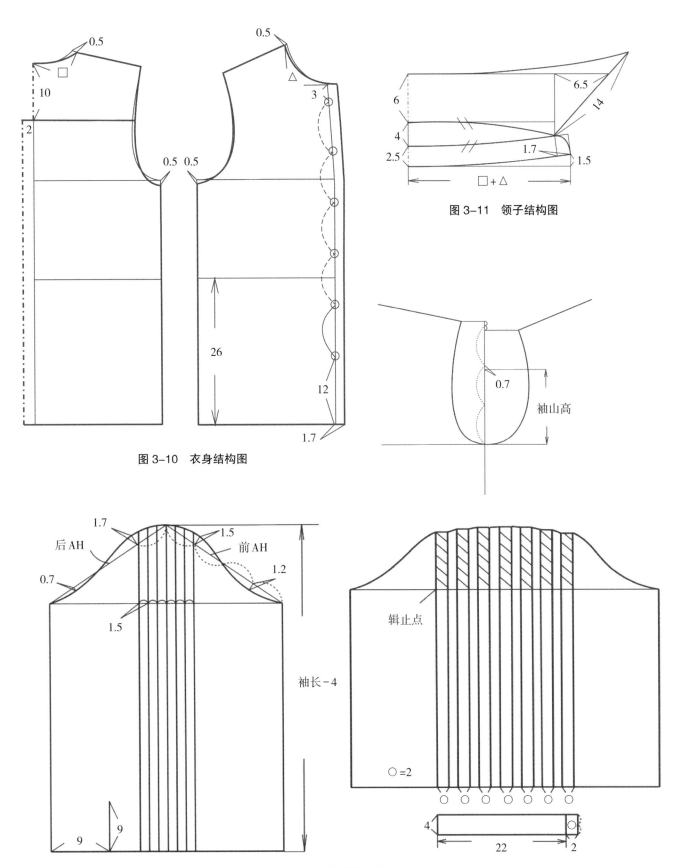

图 3-10　衣身结构图

图 3-11　领子结构图

图 3-12　袖子结构图

图 3-13　不对称褶裥领口女衬衫款式图

表 3-3　规格表（单位：cm）

号 / 型	衣长	胸围	肩宽
160/84A	67	96	38.5

三、不对称褶裥领口女衬衫

（1）款式特点与规格：左右重叠方领结构，前领口设有不对称褶裥；衣身较为宽松；无袖。如图3-13所示。规格尺寸设计见表3-3。

（2）结构制图：原型省道中后衣身的肩省合并见图3-2。前衣身将袖窿省合并转移形成不对称领口省，前衣身胸围缩进0.5cm，袖窿底上抬2cm，前/后衣身肩宽分别向内缩进0.5cm。如图3-14所示。省道展开后结构图及领子制图如图3-15所示。

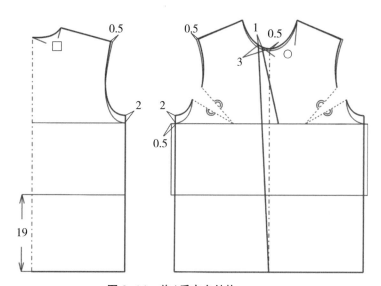

图 3-14　前 / 后衣身结构

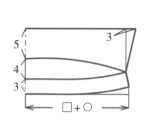

图 3-15　省道展开及衣领结构图

四、双层方领女衬衫

（1）款式特点与规格：双层方领结构，衣身较为宽松。后衣身设有育克；衣身下部有抽褶；一片式短袖。如图3-16所示。规格尺寸设计见表3-4。

（2）结构制图：原型省道中后衣身的肩省合并见图3-2。将前衣身将袖窿省转移形成袖窿松量，前衣身胸围缩进1cm。如图3-17所示。袖子制图如图3-18所示。

图3-16 双层方领女衬衫款式图

表3-4 规格表（单位：cm）

号/型	衣长	胸围	肩宽	袖长
160/84A	63	94	38	19

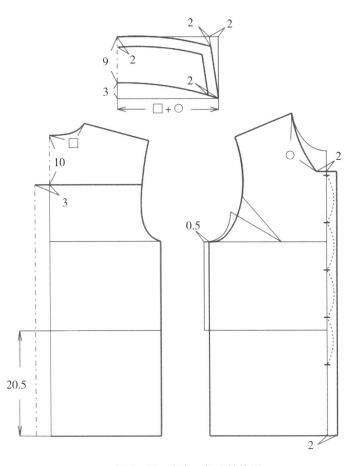

图3-17 衣身、领子结构图

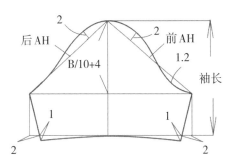

图3-18 袖子结构图

图 3-19 方领套头女衬衫款式图

表 3-5 规格表（单位：cm）

号／型	衣长	胸围	肩宽	袖长	袖口
160/84A	65	104	40	58	24

五、套头方领女衬衫

（1）款式特点与规格：套头方领结构，衣身较为宽松。腰部横向褶裥，一片式袖，且袖口抽褶。如图3-19所示。规格尺寸设计见表3-5。

（2）结构制图：原型省道中后衣身的肩省合并见图3-2。前衣身将袖窿省合并转移成腰省，前/后衣身胸围分别加放2cm，袖窿底下落1cm，后衣身侧缝位置为圆底摆。如图3-20所示。袖子制图如图3-21所示。

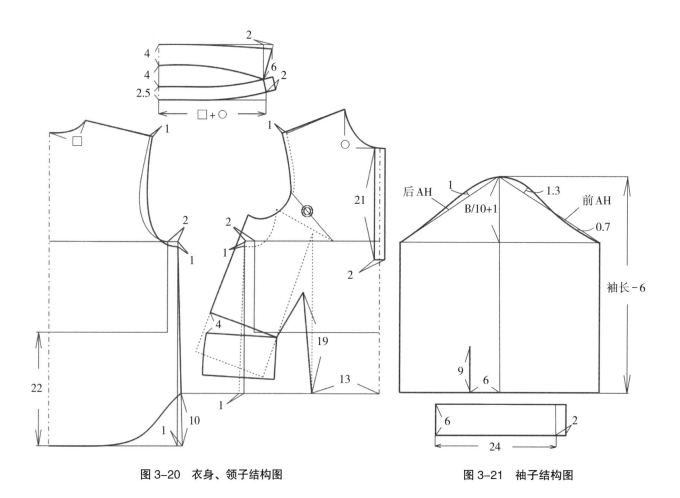

图 3-20 衣身、领子结构图

图 3-21 袖子结构图

六、立领不对称抽褶女衬衫

（1）款式特点与规格：领部为立领结构，领口斜向不对称抽褶，门襟斜向系扣，衣身较为宽松。一片式袖，且袖口抽褶。如图3-22所示。规格尺寸设计见表3-6。

（2）结构制图：将原型省道中后衣身的肩省合并1/2，其余部分转移为袖窿松量。如图3-23所示。将前衣身袖窿省合并1/2，其余部分转移为袖窿松量与腰部松量。如图3-24所示。

后衣身胸围加放1cm，袖窿下落0.5cm，前后领宽分别加宽0.5cm，肩宽加放1cm。如图3-25所示。具体省道展开图如图3-26所示。袖子制图如图3-27所示。

图3-22　立领不对称抽褶女衬衫款式图

表3-6　规格表（单位：cm）

号/型	衣长	胸围	肩宽	袖长	袖口
160/84A	63	98	38	57	22

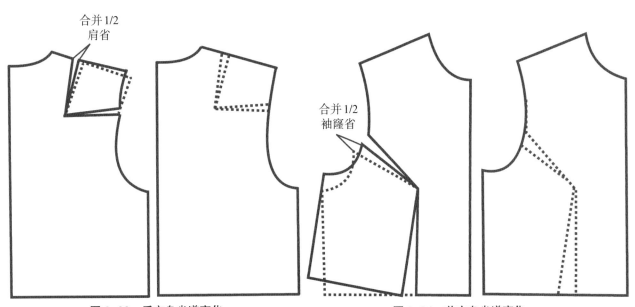

图3-23　后衣身省道变化　　　　　图3-24　前衣身省道变化

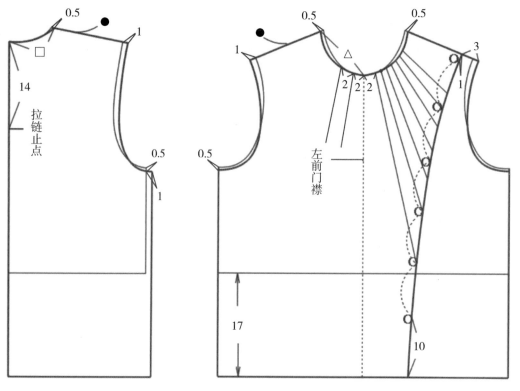

图 3-25 衣身结构图

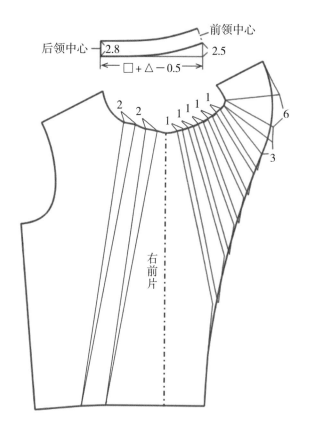

图 3-26 领子及省道展开结构图

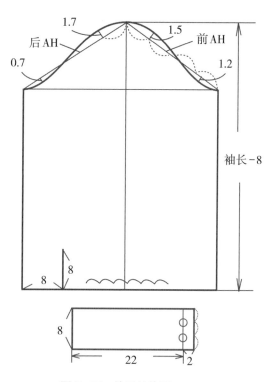

图 3-27 袖子结构图

40

七、不对称腰部分割女衬衫

（1）款式特点与规格：领口为圆领造型，衣身有不对称省道与分割设计，袖口有贴边。如图3-28所示。规格尺寸设计见表3-7。

（2）结构制图：原型省道中后衣身的肩省合并见图3-2。将衣身胸围保持原型尺寸不变，前/后领宽分别加宽1.5cm，前领深加深1.5cm。如图3-29所示。袖子制图如图3-30所示。

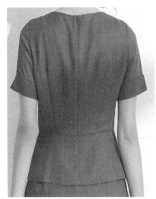

图 3-28 不对称腰部分割女衬衫款式图

表 3-7 规格表（单位：cm）

号/型	衣长	胸围	肩宽	袖长
160/84A	53	96	38	22

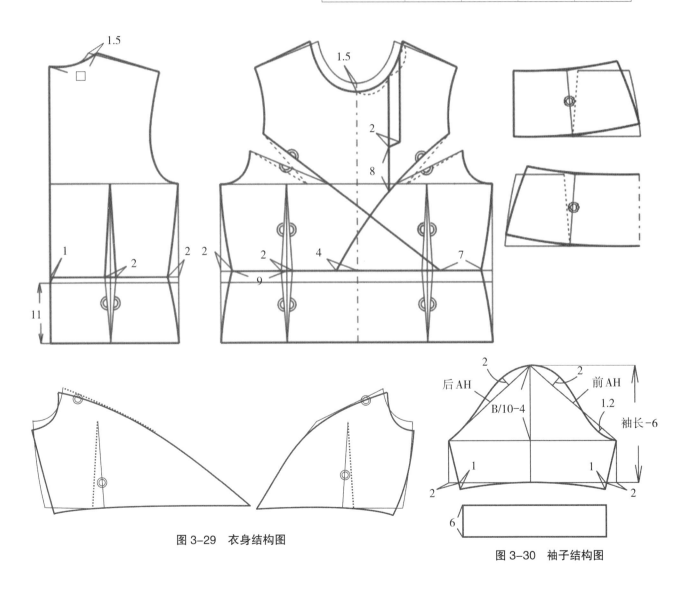

图 3-29 衣身结构图

图 3-30 袖子结构图

图 3-31 欧式 V 领女衬衫款式图

八、欧式V领女衬衫

（1）款式特点与规格：领部为V字领结构，腰部衣身出抽褶，下部为育克造型。一片袖，袖口抽褶并系带。如图3-31所示。规格尺寸设计见表3-8。

（2）结构制图：原型省道中后衣身的肩省合并见图3-2。将前衣身原型袖窿省部分合并，其余部分作为袖窿松量。前领宽加宽2cm，前后肩线分别收进1cm，上抬0.5cm。前/后育克处分别加宽15cm，如图3-32所示。袖子制图如图3-33所示。

表 3-8　规格表（单位：cm）

号 / 型	衣长	胸围	肩宽	袖长
160/84A	56	126	36	59

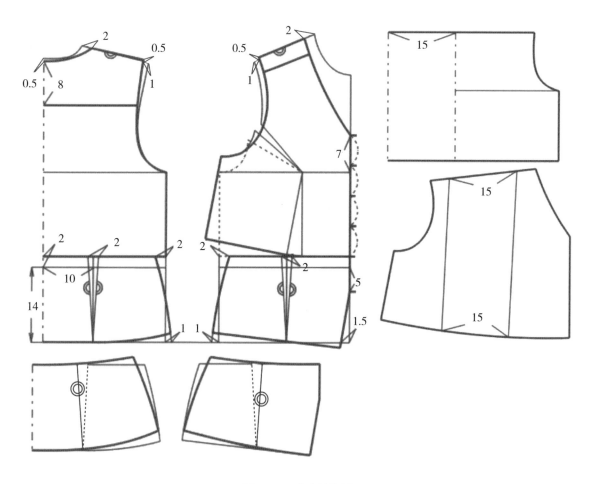

图 3-32　衣身结构图

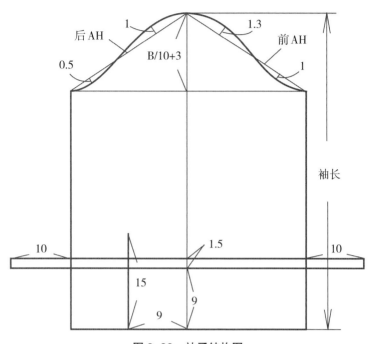

图 3-33　袖子结构图

九、七分袖/方领女衬衫

（1）款式特点与规格：衣身造型较宽松，方领，后背有育克，一片式七分袖。如图3-34所示。规格尺寸设计见表3-9。

（2）结构制图：后衣身原型肩省处理参见3-2。将前衣身原型袖窿省转移为袖窿松量。前/后衣身胸围分别加放1cm，袖窿底下落0.7cm，前/后领宽分别加宽0.5cm，前/后肩线分别加放0.5cm。如图3-35所示。领子、袖子制图如图3-36所示。

图 3-34　七分袖/方领女衬衫款式图

表 3-8　规格表（单位：cm）

号/型	衣长	胸围	肩宽	袖长	袖口
160/84A	64	100	38	32	28

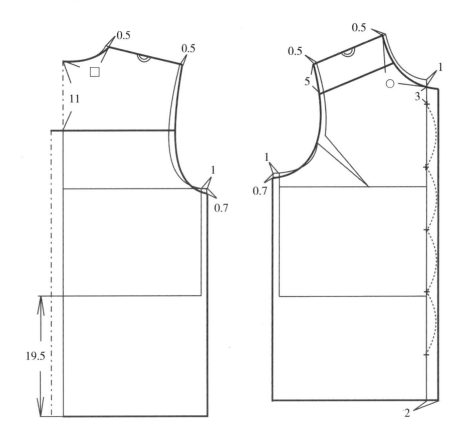

图 3-35 衣身结构图

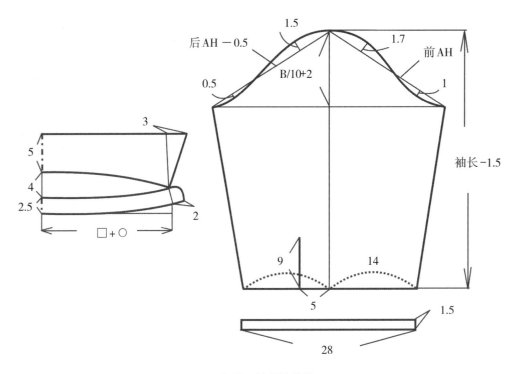

图 3-36 领子、袖子结构图

十、高立领／灯笼袖女衬衫

（1）款式特点与规格：方领结构；衣身造型较宽松，后背有育克；一片式七分袖。如图3-37所示。规格尺寸设计见表3-10。

（2）结构制图：后衣身原型肩省合并参见图3-2。将前衣身原型袖窿省转为袖窿松量。前／后衣身胸围分别加放3cm，袖窿底下落1.5cm，前／后领宽分别加宽1.5cm，领口上抬0.5cm。前／后肩线分别加放1.5cm。如图3-38所示。领子、袖子结构如图3-39所示。

图3-37 高立领／灯笼袖女衬衫款式图

表3-10 规格表（单位：cm）

号/型	衣长	胸围	肩宽	袖长	袖口
160/84A	57	108	41	40	30

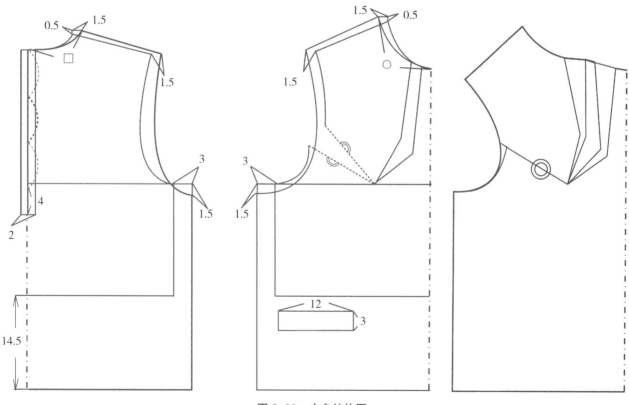

图3-38 衣身结构图

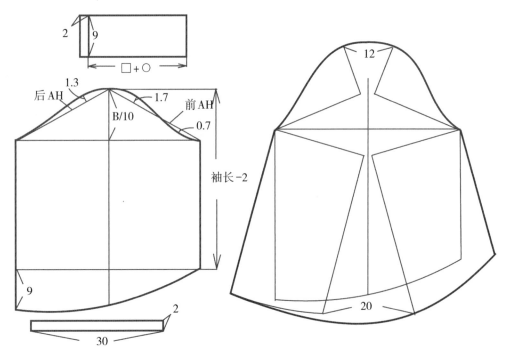

图 3-39　领子、袖子结构图

图 3-40　娃娃领 / 斜门襟女衬衫款式图

表 3-11　规格表（单位：cm）

号 / 型	衣长	胸围	肩宽	袖长	袖口
160/84A	61	104	51	26	38

十一、娃娃领/斜门襟女衬衫

（1）款式特点与规格：娃娃领；衣身造型较宽松，门襟造型为斜向不对称；一片式七分袖。如图3-40所示。规格尺寸设计见表3-11。

（2）结构制图：后衣身原型肩省合并参见图3-2。将前衣身原型袖窿省转为袖窿松量。前/后衣身胸围分别加放2cm，袖窿底下落2cm，前/后领宽分别加宽1cm。前/后肩线分别延长7cm。如图3-41所示。领子结构如图3-42所示。

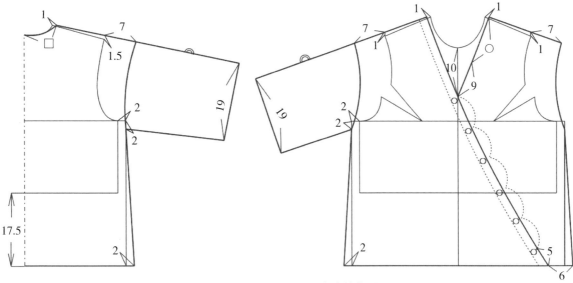

图 3-41 衣身结构图

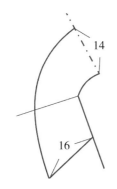

图 3-42 领子结构图

十二、小圆领/前身抽褶女衬衫

（1）款式特点与规格：小圆领；衣身造型较宽松，前/后衣身分割处均抽褶；一片式长袖，袖口抽褶并有袖头。如图3-43所示。规格尺寸设计见表3-12。

（2）结构制图：后衣身原型肩省合并参见图3-2。将前衣身原型袖窿省合并，在前身分割处展开。后衣身胸围加放2cm，保持原型袖窿底尺寸不变。前/后衣身分割处均展开9cm褶量。如图3-44所示。袖子结构如图3-45所示。

图 3-43 小圆领/前身抽褶女衬衫款式图

表 3-12 规格表（单位：cm）

号/型	衣长	胸围	肩宽	袖长	袖口
160/84A	64	100	39	63	26

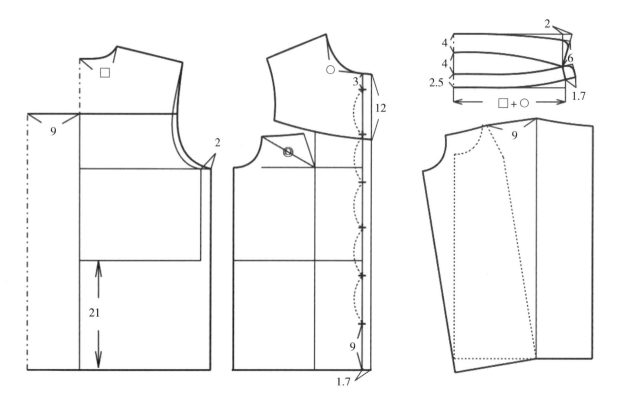

图 3-44　衣身结构图

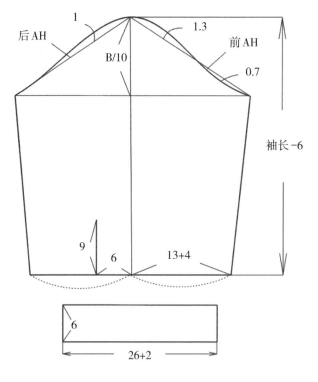

图 3-45　袖子结构图

十三、前身塔克抽褶女衬衫

（1）款式特点与规格：方尖领；衣身造型较合体，前衣身分割处有塔克抽褶；一片式长袖，袖口有袖头及开衩。如图3-46所示。规格尺寸设计见表3-13。

（2）结构制图：后衣身原型肩省合并参见图3-2。将前衣身原型袖窿省部分合并，其余作为袖窿松量。在前身分割处设有塔克抽褶。将前衣身胸围收进1cm，保持原型袖窿底尺寸不变。在后衣身腰部设有腰省。如图3-47所示。袖子结构如图3-48所示。

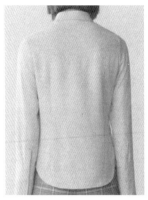

图3-46　前身塔克抽褶女衬衫款式图

表3-13　规格表（单位：cm）

号/型	衣长	胸围	肩宽	袖长	袖口
160/84A	61	94	38	59	26

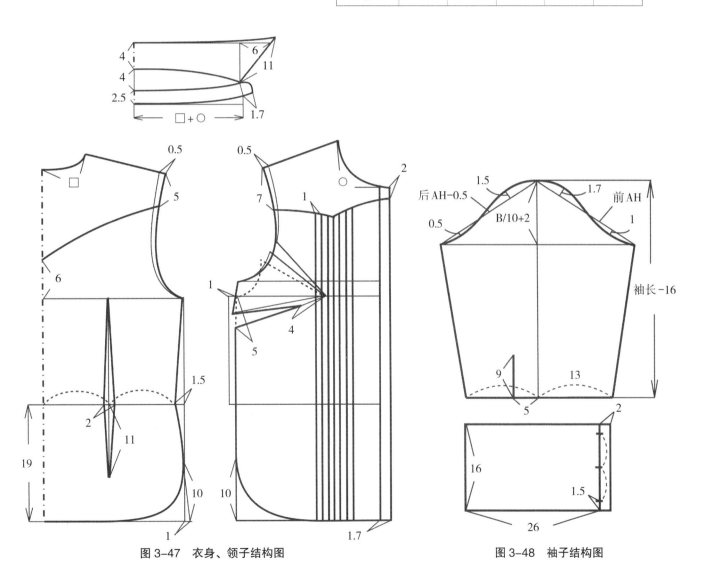

图3-47　衣身、领子结构图　　　　图3-48　袖子结构图

图 3-49 腰部双层分割 / 裙造型底摆女衬衫款式图

表 3-14 规格表（单位：cm）

号 / 型	衣长	胸围	肩宽	袖长	袖口
160/84A	61	96	38	59	24

十四、腰部双层分割/裙造型底摆女衬衫

（1）款式特点与规格：尖立领；衣身造型较合体，前/后衣身腰部双层分割，呈裙摆造型；一片式长袖，袖口有袖头及开衩。如图3-49所示。规格尺寸设计见表3-14。

（2）结构制图：后衣身原型肩省合并参见图3-2。将前衣身原型袖窿省部分合并转为2.5cm胸省，其余作为袖窿松量。在衣身腰部设有裙摆造型分割。使胸围及袖窿底保持原型尺寸不变。腰部设有腰省。如图3-50、图3-51所示。袖子结构如图3-52所示。

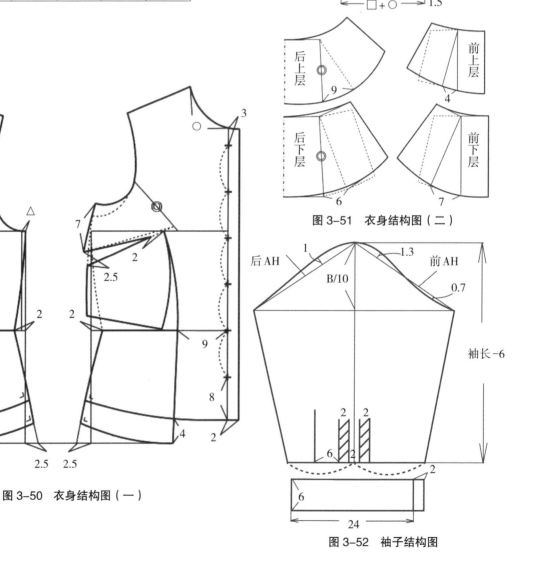

图 3-50 衣身结构图（一）

图 3-51 衣身结构图（二）

图 3-52 袖子结构图

十五、圆领/不对称底摆女衬衫

（1）款式特点与规格：圆领；衣身造型较合体，在衣身腰部设有裙摆造型分割，且前衣身腰部分割线下部分呈不对称造型；一片式短袖。如图3-53所示。规格尺寸设计见表3-15。

（2）结构制图：后衣身原型肩省合并参见图3-2。将前衣身原型袖窿省部分合并转为2.5cm胸省，其余作为袖窿松量。使胸围及袖窿底保持原型尺寸不变。将前/后领宽加宽1cm，肩宽延长0.5cm。如图3-54所示。袖子结构如图3-55所示。

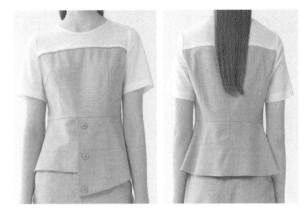

图 3-53　圆领 / 不对称底摆女衬衫

表 3-15　规格表（单位：cm）

号 / 型	衣长	胸围	肩宽	袖长
160/84A	53	96	38	23

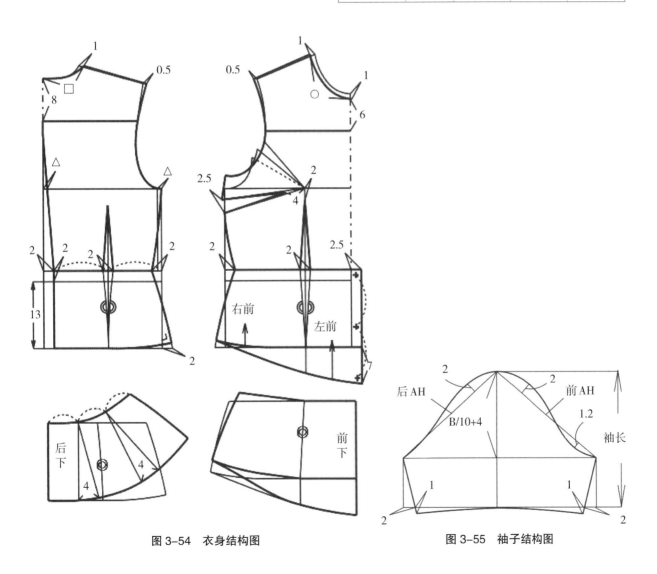

图 3-54　衣身结构图

图 3-55　袖子结构图

第四章　西服款式与结构

图 4-1　双层门襟 / 袖口系带女西服款式图

表 4-1　规格表（单位：cm）

号 / 型	衣长	胸围	肩宽	袖长
160/84A	71	102	41	50

一、双层门襟 / 袖口系带女西服

（1）款式特点与规格：前衣身设有双层门襟，后背有开衩，袖长可以调节为七分袖，袖口系带。如图 4-1 所示。规格尺寸设计见表 4-1。

（2）结构制图：后衣身原型肩省合并 1/2，其余转为袖窿松量，见图 4-2。将前衣身原型袖窿省，部分合并形成 1.5cm 撇胸，其余作为袖窿松量，见图 4-3。将后衣身胸围加放 2cm，前衣身胸围加放 1cm，袖窿底下落 1cm；前 / 后侧缝分别向外撇出 1cm。如图 4-4 所示。袖子结构如图 4-5 所示。

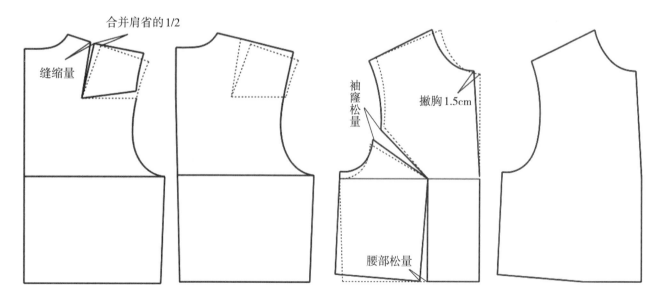

图 4-2　后衣身省道变化　　　　　图 4-3　前衣身省道变化

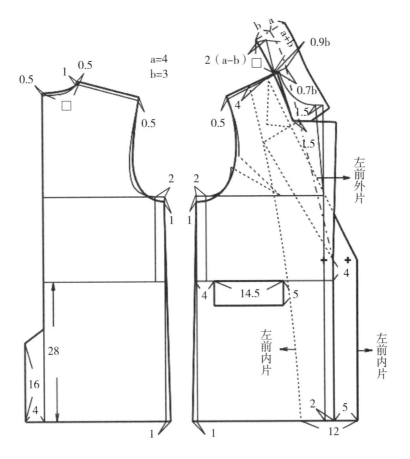

图 4-4　衣身结构图

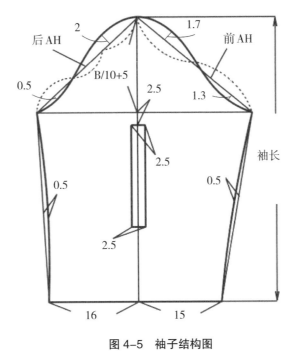

图 4-5　袖子结构图

图 4-6　圆底摆 / 贴袋女西服款式图

表 4-1　规格表（单位：cm）

号 / 型	衣长	胸围	肩宽	袖长
160/84A	66	90	38	52

二、圆底摆/贴袋女西服

（1）款式特点与规格：款式经典，底摆与袋口为圆弧形，衣身较为合体。如图4-6所示。规格尺寸设计见表4-2。

（2）结构制图：后衣身原型肩省合并见图4-2。将前衣身原型袖窿省部分合并形成1.5cm撇胸，其余转移为侧缝省。将后衣身胸围缩进1cm，前衣身胸围缩进2cm，袖窿底下落1cm，前/后侧缝分别向外撇出1cm。如图4-7所示。袖子结构如图4-8所示。

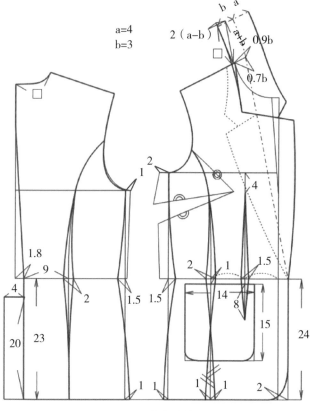

图 4-7　衣身结构图

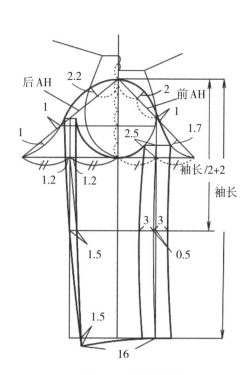

图 4-8　袖子结构图

三、个性衣身分割/圆摆小西服

（1）款式特点与规格：衣身造型修身，驳领为挑尖造型，衣身分割突破常规，极具个性。如图4-9所示。规格尺寸设计见表4-3。

（2）结构制图：后衣身原型肩省合并参见图4-2。将前衣身原型袖窿省部分合并，形成1.5cm撇胸。将前衣身胸围缩进1cm，袖窿底上抬0.5cm。具体分割及领部结构如图4-10所示。袖子结构如图4-11所示。

图4-9　个性衣身分割 / 圆摆小西服款式图

表4-3　规格表（单位：cm）

号 / 型	衣长	胸围	肩宽	袖长
160/84A	56	94	39	55

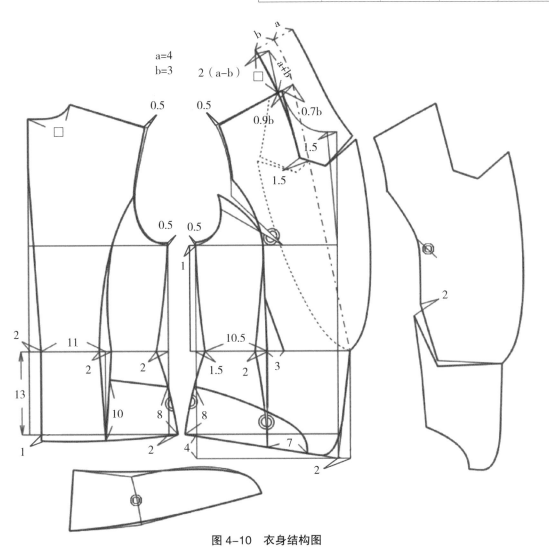

图4-10　衣身结构图

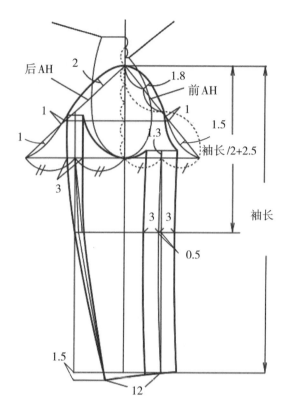

图4-11 袖子结构图

图4-12 底摆不对称/腰部系带女西服款式图

表4-4 规格表（单位：cm）

号/型	衣长	胸围	肩宽	袖长
160/84A	61	96	39	58

四、底摆不对称/腰部系带女西服

（1）款式特点与规格：衣身为修身造型，驳领与衣身为异色拼接，衣身底摆为左右不对称造型，腰部系带。如图4-12所示。规格尺寸设计见表4-4。

（2）结构制图：后衣身原型肩省合并参见图4-2；将前衣身原型袖窿省部分合并，形成1.5cm撇胸量。使衣身胸围保持原型尺寸不变，袖窿底上抬0.5cm。具体分割及领部结构如图4-13、图4-14所示。袖子结构如图4-15所示。

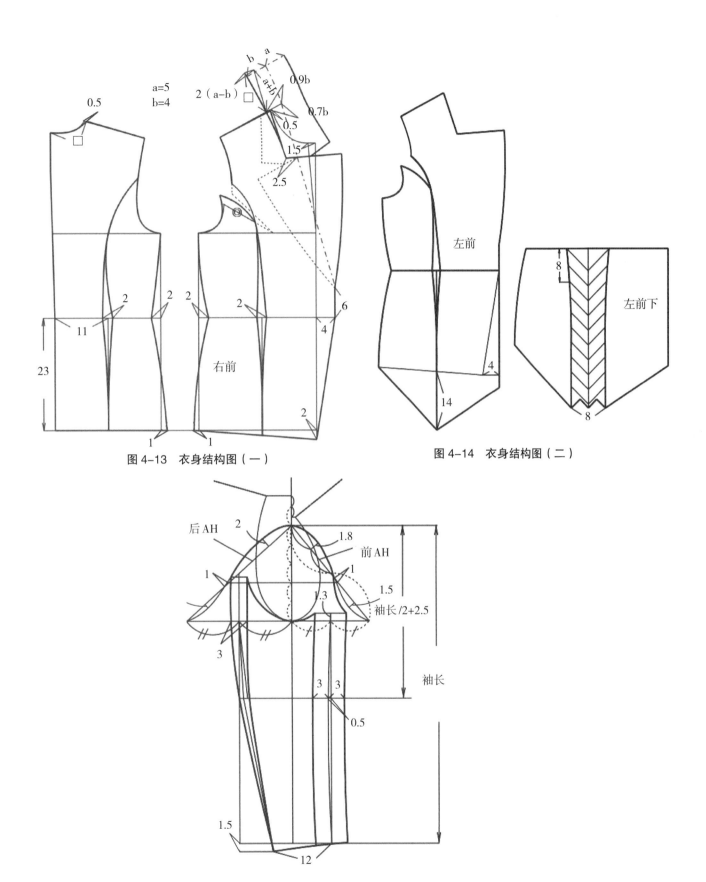

图 4-13　衣身结构图（一）

图 4-14　衣身结构图（二）

图 4-15　袖子结构图

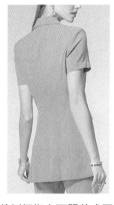

图 4-16 门襟不对称 / 单侧褶裥女西服款式图

五、门襟不对称/单侧褶裥女西服

（1）款式特点与规格：衣身造型合体，领子为戗驳领造型，门襟设有横向褶裥，底摆为不对称设计，更具时尚感。如图4-16所示。规格尺寸设计见表4-5。

（2）结构制图：后衣身原型肩省合并见图4-2。将前衣身原型袖隆省部分合并，形成1.5cm撇胸，其余的转移形成腰部分割褶裥。后衣身胸围向内缩进2cm，具体分割及领部结构如图4-17、图4-18所示。袖子结构如图4-19所示。

表 4-4　规格表（单位：cm）

号 / 型	衣长	胸围	肩宽	袖长
160/84A	70	92	39	20

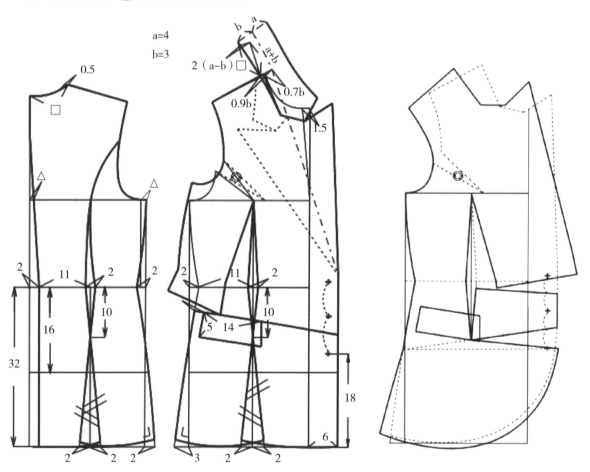

图 4-17　衣身结构图（一）

图 4-18　衣身结构图（二）

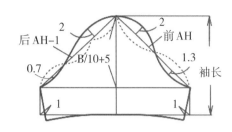

图 4-19　袖子结构图

六、青果领/不对称底摆女西服

（1）款式特点与规格：修身造型，青果领，衣身腰部横向分割，底摆为左右不对称造型。如图4-20所示。规格尺寸设计见表4-6。

（2）结构制图：后衣身原型肩省合并见图4-2。将前衣身原型袖窿省部分合并，形成1.5cm撇胸。将前衣身胸围向内缩进2cm。具体分割及领部结构如图4-21、图4-22所示。袖子结构如图4-23所示。

图 4-20　青果领 / 不对称底摆女西服款式图

表 4-6　规格表（单位：cm）

号 / 型	衣长	胸围	肩宽	袖长
160/84A	65	92	39	20

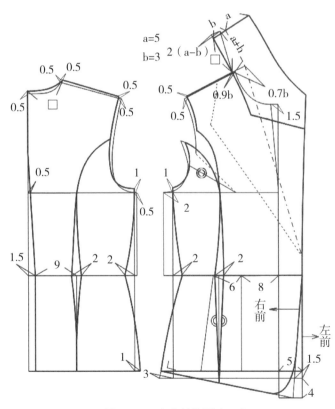

图 4-21　衣身结构图（一）

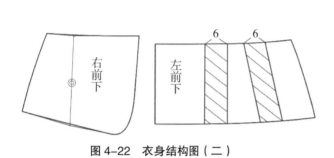

图 4-22 衣身结构图（二）

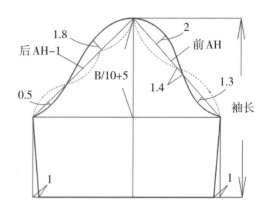

图 4-23 袖子结构图

图 4-24 个性不对称女西服款式图

表 4-7 规格表（单位：cm）

号/型	衣长	胸围	肩宽	袖长
160/84A	64	96	40	28

七、个性不对称女西服

（1）款式特点与规格：衣身造型较合体，领子、门襟及口袋设计均采取不对称造型，袖子为短袖且有袖开衩。如图 4-24 所示。规格尺寸设计见表 4-7。

（2）结构制图：后衣身原型肩省合并见图 4-2。将前衣身原型袖窿省部分合并，形成 1.5cm 撇胸。使衣身胸围保持原型尺寸不变。衣身结构如图 4-25 所示。袖子及领子结构如图 4-26 所示。

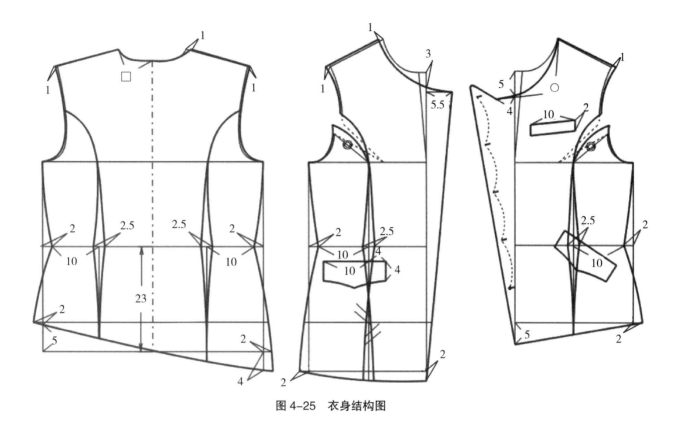

图 4-25　衣身结构图

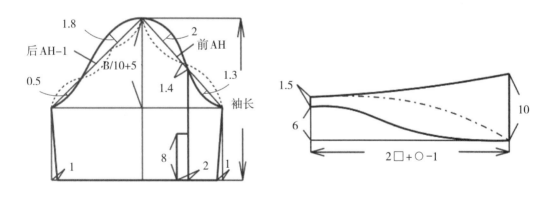

图 4-26　袖子、领子结构图

图4-27 后背开衩女西服款式图

表4-8 规格表（单位：cm）

号/型	衣长	胸围	肩宽	袖长
160/84A	64	90	38	58

八、后背开衩女西服

（1）款式特点与规格：衣身造型较合体，后背中心设有开衩，并钉扣。如图4-27所示。规格尺寸设计见表4-8。

（2）结构制图：后衣身原型肩省合并见图4-2。将前衣身原型袖窿省部分合并形成1.5cm撇胸，其余的作为袖窿松量。将后衣身胸围向内缩进1cm，前衣身胸围向内缩进2cm，袖窿底上抬1cm。衣身结构如图4-28所示。袖子结构如图4-29所示。

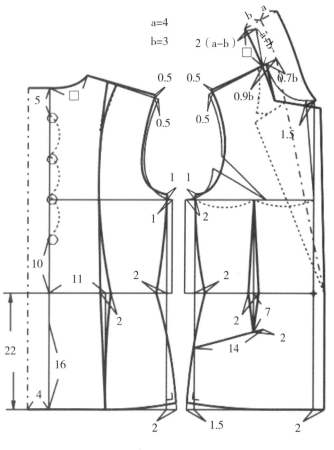

图4-28 衣身结构图

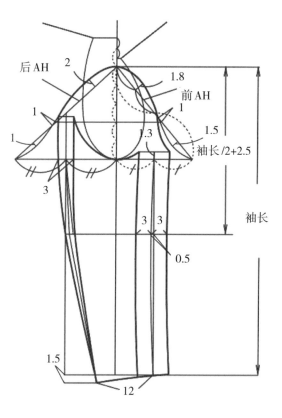

图4-29 袖子结构图

九、腰部斜向分割女西服

（1）款式特点与规格：衣身造型合体，风格职业干练，门襟向侧缝处设有斜向分割，腰线以上部位为双排扣设计。如图4-30所示。规格尺寸设计见表4-9。

（2）结构制图：后衣身原型肩省处理见图4-2。将前衣身原型袖窿省部分合并，形成1.5cm撇胸，其余的展开形成刀背分割。将前衣身胸围向内缩进1cm，袖窿底上抬0.5cm。衣身结构如图4-31所示。袖子结构如图4-32所示。

图4-30　腰部斜向分割女西服款式图

表4-9　规格表（单位：cm）

号/型	衣长	胸围	肩宽	袖长
160/84A	59	94	39	58

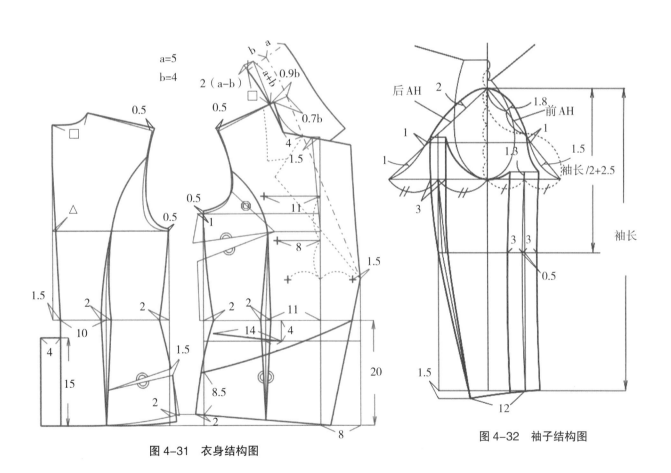

图4-31　衣身结构图

图4-32　袖子结构图

图 4-33 腰部斜向分割/连袋盖女西服款式图

表 4-10 规格表（单位：cm）

号/型	衣长	胸围	肩宽	袖长
160/84A	61	90	40	58

十、腰部斜向分割/连袋盖女西服

（1）款式特点与规格：衣身造型较合体，腰部分割为斜向分割，衣身连带盖造型。如图4-33所示。规格尺寸设计见表4-10。

（2）结构制图：后衣身原型肩省处理见图4-2。将前衣身原型袖窿省部分合并形成1.5cm撇胸，其余的转为腰部斜向分割及胸省。将前衣身胸围向内缩进2cm，后衣身胸围向内缩进1cm，袖窿底上抬1cm。衣身结构如图4-34所示。袖子结构如图4-35所示。

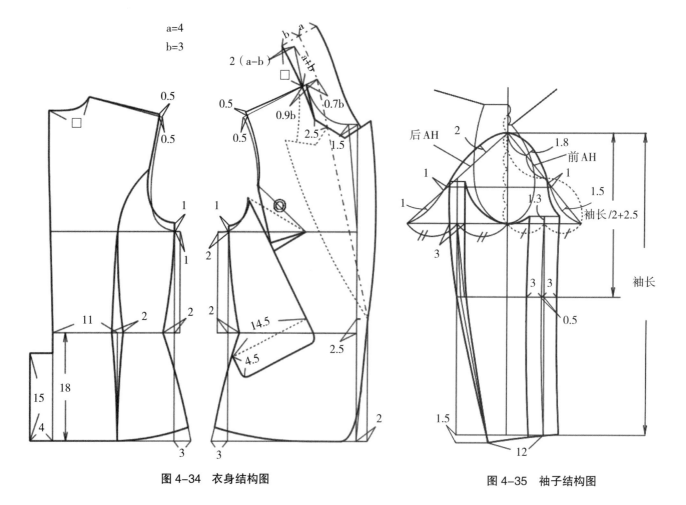

图 4-34　衣身结构图　　　　　　图 4-35　袖子结构图

64

十一、宽松深领女西服

（1）款式特点与规格：衣身造型较为宽松，领子开口较深，串口位置低，使整个领子造型不同于传统的西服领，更具时尚感。如图4-36所示。规格尺寸设计见表4-11。

（2）结构制图：后衣身原型肩省处理见图4-2。将前衣身原型袖窿省部分合并形成1.5cm撇胸，其余的作为袖窿松量。将前衣身胸围向外加放1cm，后衣身胸围向外加放2cm，袖窿底下落2cm。衣身结构如图4-37所示。袖子结构如图4-38所示。

图4-36　宽松深领女西服款式图

表4-11　规格表（单位：cm）

号/型	衣长	胸围	肩宽	袖长
160/84A	69	104	39	59

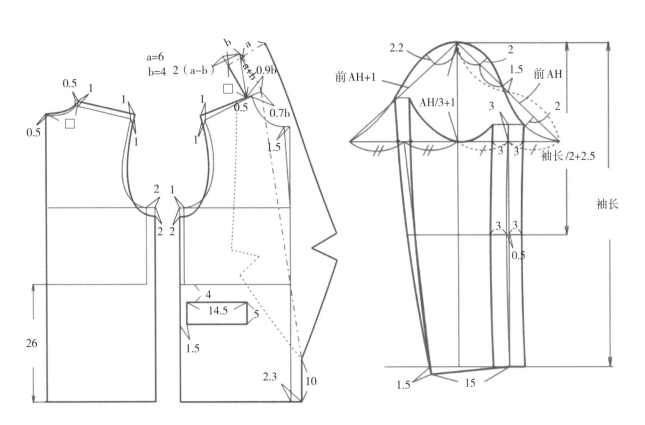

图4-37　衣身结构图

图4-38　袖子结构图

图 4-39 单侧波浪底摆女西服款式图

表 4-12 规格表（单位：cm）

号/型	衣长	胸围	肩宽	袖长
160/84A	69	96	39	59

十二、单侧波浪底摆女西服

（1）款式特点与规格：衣身造型较合体，门襟为双排扣造型，左侧底摆展开呈波浪造型。如图4-39所示。规格尺寸设计见表4-12。

（2）结构制图：后衣身原型肩省处理见图4-2。将前衣身原型袖窿省部分合并形成1.5cm撇胸，其余的转移形成刀背分割。使衣身胸围保持原型尺寸不变，袖窿衣上抬0.5cm。衣身结构如图4-40所示。袖子结构如图4-41所示。

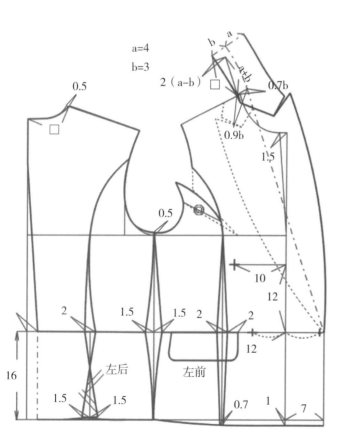

图 4-40 衣身结构图

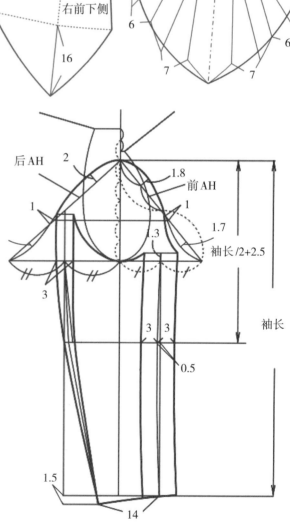

图 4-41 袖子结构图

十三、腰部分割/底摆有活裥女西服

（1）款式特点与规格：衣身造型合体，门襟为双排扣造型，衣身底摆设有活裥，系扣翻袖口。如图4-42所示。规格尺寸设计见表4-13。

（2）结构制图：后衣身原型肩省处理见图4-2。将前衣身原型袖窿省部分合并形成1.5cm撇胸，其余部分转移形成刀背分割。使衣身胸围保持原型尺寸不变。衣身结构如图4-43所示。袖子结构如图4-44所示。

图 4-42　腰部分割 / 底摆有活裥女西服款式图

表 4-13　规格表（单位：cm）

号 / 型	衣长	胸围	肩宽	袖长
160/84A	59	96	39	61

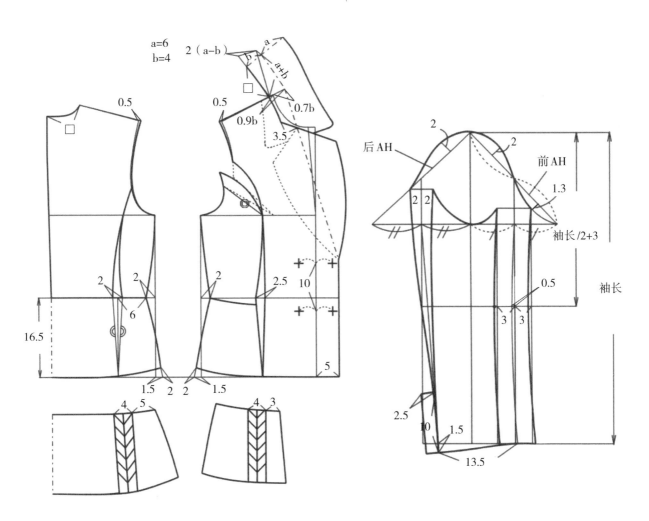

图 4-43　衣身结构图　　　　图 4-44　袖子结构图

图 4-45　背部呈衬衫造型女西服款式图

表 4-14　规格表（单位：cm）

号 / 型	衣长	胸围	肩宽	袖长
160/84A	78	106	43	59

十四、背部呈衬衫造型女西服

（1）款式特点与规格：衣身造型宽松，整体呈H型，后衣身为衬衫造型。如图4-45所示。规格尺寸设计见表4-14。

（2）结构制图：后衣身原型肩省处理见图4-2。将前衣身原型袖窿省部分合并形成1.5cm撇胸，其余部分作为袖窿松量。将前衣身胸围向外加放2cm，后衣身胸围向外加放3cm，袖窿底下落2cm。衣身结构如图4-46所示。袖子结构如图4-47所示。

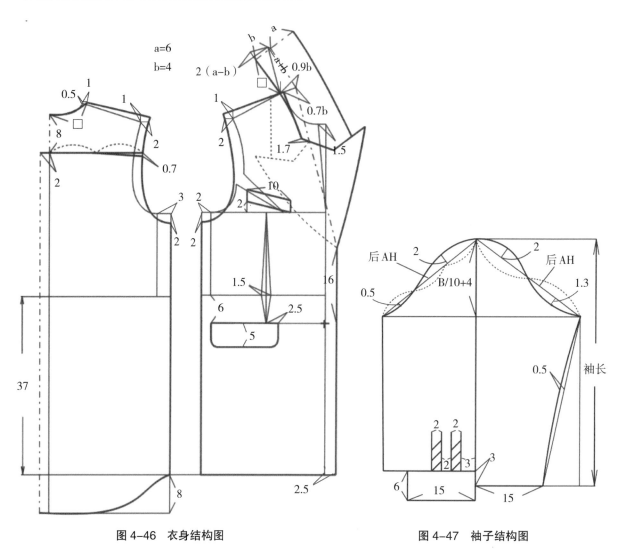

图 4-46　衣身结构图　　　　　　图 4-47　袖子结构图

第五章　大衣、风衣款式与结构

一、个性口袋/偏襟系带女大衣

（1）款式特点与规格：前衣身为多口袋不规则个性设计，后背设有育克，门襟为偏襟设计，腰部系带。如图5-1所示。规格尺寸设计见表5-1。

（2）结构制图：将后衣身原型肩省合并1/2，其余部分转为袖窿松量。如图5-2所示。将前衣身原型袖窿省部分合并转移形成1cm撇胸，其余部分作为袖窿松量。如图5-3所示。将后衣身胸围加放2cm，前衣身胸围加放1cm，袖窿底下落2cm。如图5-4所示。袖子结构如图5-5所示。

图5-1　个性口袋/偏襟系带女大衣款式图

表5-1　规格表（单位：cm）

号/型	衣长	胸围	肩宽	袖长
160/84A	97	102	48	54

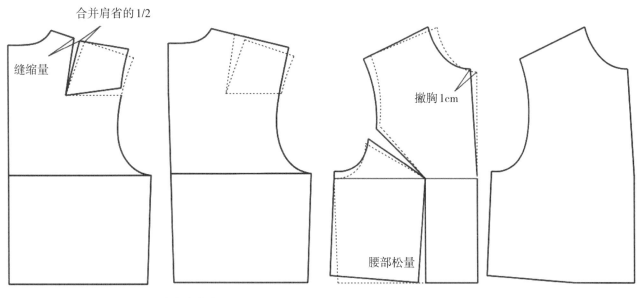

图5-2　后衣身省道变化　　　　　图5-3　前衣身省道变化

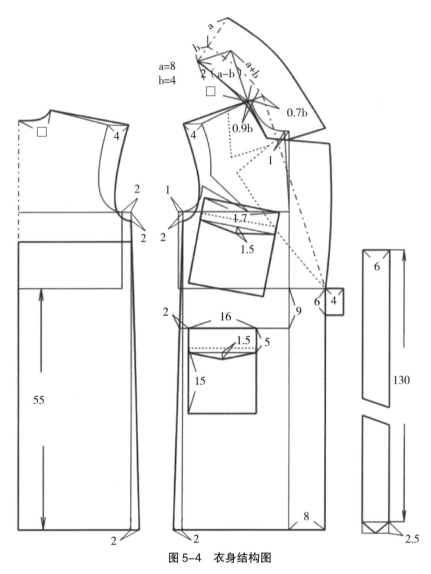

a=8
b=4
2(a-b)
a+b
0.7b
0.9b
1.7
1.5
55
16
1.5
15
9
8
6 4
6
130
2.5

图 5-4　衣身结构图

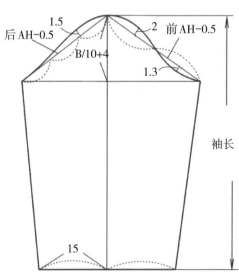

后 AH−0.5
1.5
2 前 AH−0.5
B/10+4
1.3
袖长
15

图 5-5　袖子结构图

二、方领/散底摆女大衣

（1）款式特点与规格：方领；前衣身有褶裥、育克个性设计，后背也设有育克；门襟为双排扣设计。如图5-6所示。规格尺寸设计见表5-2。

（2）结构制图：后衣身原型肩处理见图5-2。前衣身原型肩省处理见图5-3。后衣身胸围加放3cm，前衣身胸围加放2cm，袖窿底下落2cm。如图5-7、5-8所示。袖子结构如图5-9所示。

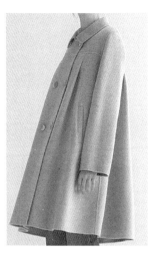

图 5-6　方领 / 散底摆女大衣款式图

表 5-2　规格表（单位：cm）

号 / 型	衣长	胸围	肩宽	袖长
160/84A	90	106	39	59

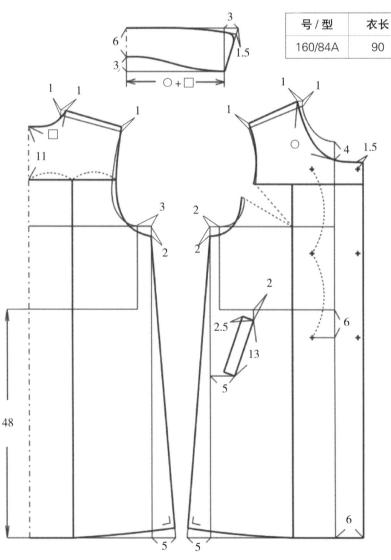

图 5-7　衣身结构图（一）

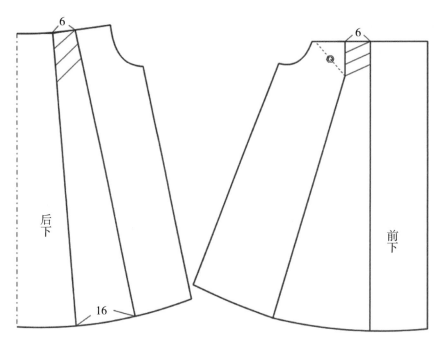

图 5-8　衣身结构图（二）

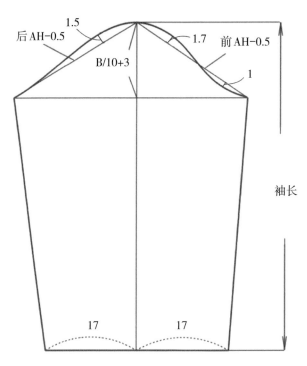

图 5-9　袖子结构图

三、镶边修身女大衣

（1）款式特点与规格：衣身造型修身、合体，领部、袋盖及袖头有异色镶边，腰部设有分割。如图5-10所示。规格尺寸设计见表5-3。

（2）结构制图：后衣身原型肩省处理见图5-2。将前衣身原型袖窿省转移为刀背分割。后衣身胸围加放2cm，腰部分割以下部分展开形成A字造型。如图5-11、图5-12所示。袖子结构如图5-13所示。

图5-10　镶边修身女大衣款式图

表5-3　规格表（单位：cm）

号/型	衣长	胸围	肩宽	袖长
160/84A	90	106	39	59

图5-11　衣身结构图（一）

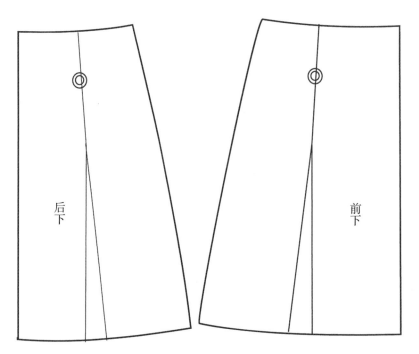

图 5-12　衣身结构图（二）

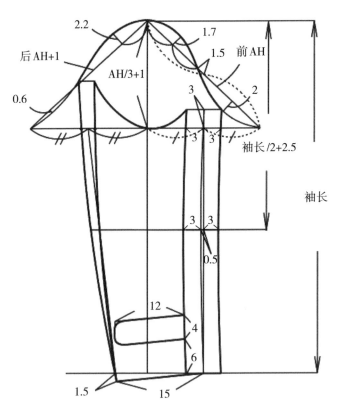

图 5-13　袖子结构图

四、披肩A型女大衣

（1）款式特点与规格：造型宽松休闲，腰部系带，领口部位设有不对称弧形披肩，肩部设有公主线造型。如图5-14所示。规格尺寸设计见表5-4。

（2）结构制图：后衣身原型肩省处理见图5-2。将前衣身原型袖窿省作为袖窿松量。后衣身胸围加放3cm，前衣身胸围加放2cm，袖窿底下落5cm。如图5-15、图5-16所示。袖子结构如图5-17所示。

图5-14　披肩A型女大衣款式图

表5-4　规格表（单位：cm）

号/型	衣长	胸围	肩宽	袖长
160/84A	90	106	39	59

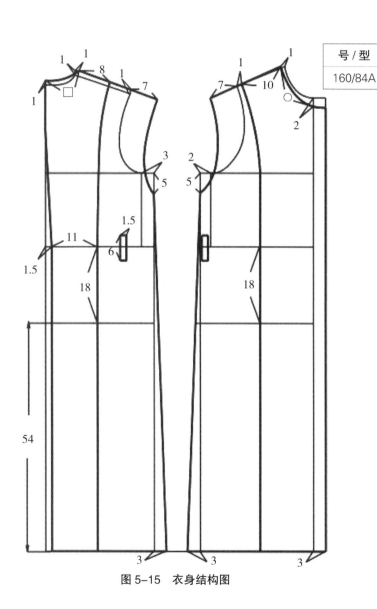

图5-15　衣身结构图

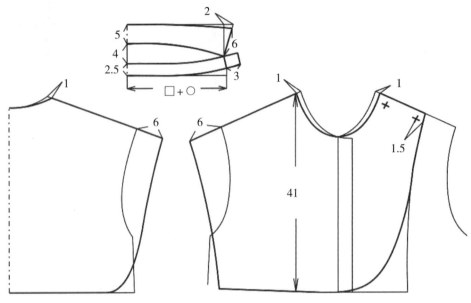

图 5-16 披肩、领子结构图

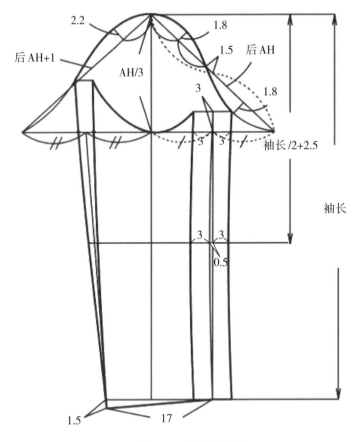

图 5-17 袖子结构图

五、连立领/双排扣女大衣

（1）款式特点与规格：整体造型宽松休闲；连肩袖，领口设有领口省，底摆呈裙摆造型。如图5-18所示。规格尺寸设计见表5-5。

（2）结构制图：后衣身原型肩省处理见图5-2。将前衣身原型袖窿省作为袖窿松量。前衣身结构如图5-19所示，后衣身结构如图5-20所示。

图 5-18　连立领/双排扣女大衣款式图

表 5-5　规格表（单位：cm）

号/型	衣长	胸围	肩宽	袖长
160/84A	93	112	39	59

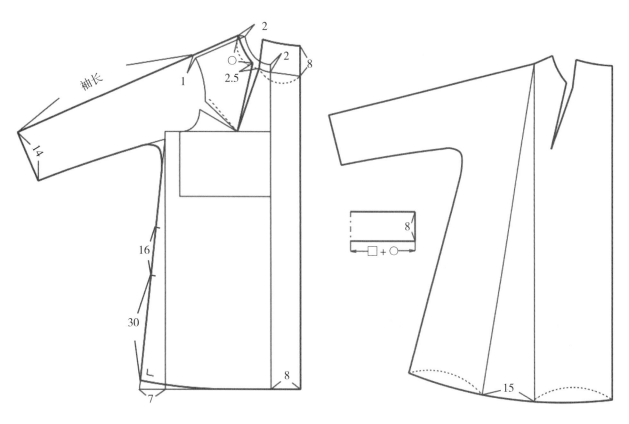

图 5-19　前衣身结构图

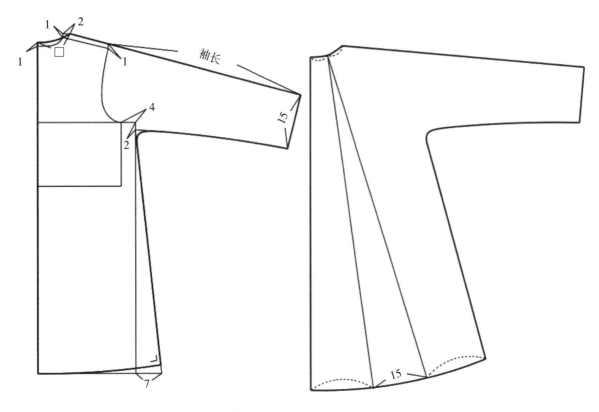

图 5-20　后衣身结构图

图 5-21　披肩领 / 后背有褶裥女大衣款式图

表 5-6　规格表（单位：cm）

号 / 型	衣长	胸围	肩宽	袖长
160/84A	88	106	39	56

六、披肩领/后背有褶裥女大衣

（1）款式特点与规格：造型宽松休闲；披肩领，后背设有褶裥，腰部设有口袋，侧缝呈A字造型。如图5-21所示。规格尺寸设计见表5-6。

（2）结构制图：后衣身原型肩省处理见图5-2。将前衣身原型袖窿省作为袖窿松量。衣身结构如图5-22所示，领子、袖子结构分别如图5-23、图5-24所示。

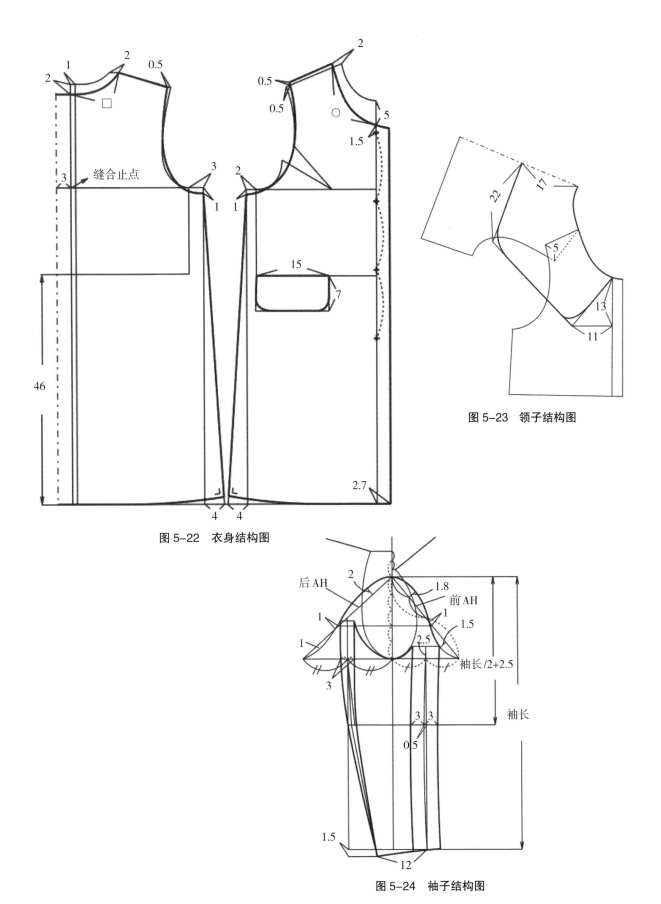

图 5-22　衣身结构图

图 5-23　领子结构图

图 5-24　袖子结构图

图 5-25　经典双排扣女风衣款式图

七、经典双排扣女风衣

（1）款式特点与规格：造型宽松休闲；门襟为双排扣造型，驳领为戗驳头，腰部设有口袋，后衣身设有开衩。如图5-25所示。规格尺寸设计见表5-7。

（2）结构制图：后衣身原型肩省处理见图5-2；前衣身原型袖窿省处理见图5-3。衣身结构如图5-26所示，袖子结构如图5-27所示。

表 5-7　规格表（单位：cm）

号 / 型	衣长	胸围	肩宽	袖长
160/84A	88	106	39	56

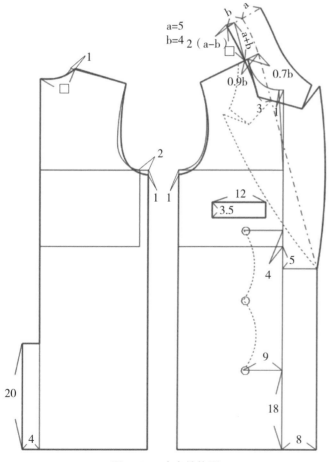

图 5-26　衣身结构图

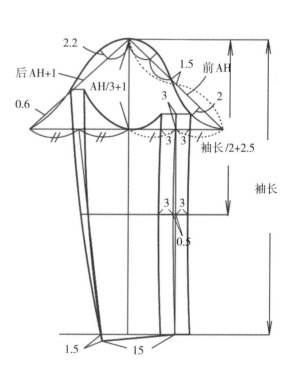

图 5-27　袖子结构图

80

八、V领/双排扣女大衣

（1）款式特点与规格：造型宽松休闲；深V领，双排扣门襟，腰部位置设有横向分割。如图5-28所示。规格尺寸设计见表5-8。

（2）结构制图：后衣身原型肩省处理见图5-2；将前衣身原型袖窿省合并转移形成肩省。衣身结构如图5-29所示，袖子结构如图5-30所示。

图 5-28　V领 / 双排扣女大衣

表 5-8　规格表（单位：cm）

号 / 型	衣长	胸围	肩宽	袖长
160/84A	82	106	39	61

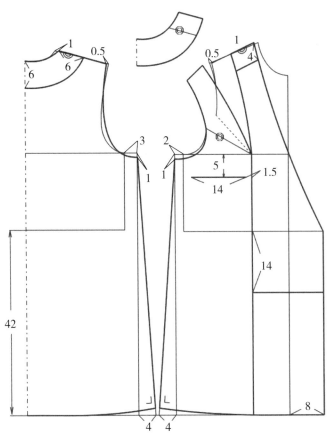

图 5-29　衣身结构制图

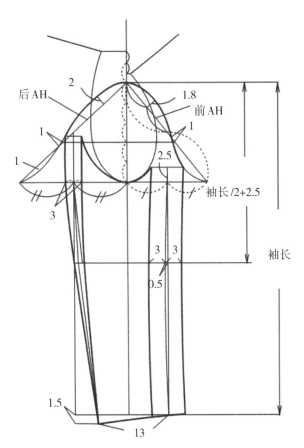

图 5-30　袖子结构制图

图 5-31 高立领 / 偏襟系带女大衣款式图

九、高立领/偏襟系带女大衣

（1）款式特点与规格：造型宽松休闲；高立领造型，偏门襟，腰部系带，底摆侧缝位置为圆摆造型。如图5-31所示。规格尺寸设计见表5-9。

（2）结构制图：后衣身原型肩省处理见图5-2；将前衣身原型袖窿省作为袖窿松量。前/后衣身胸围分别加放4cm，袖窿底下落4cm。衣身结构如图5-32所示，袖子结构如图5-33所示。

表 5-9　规格表（单位：cm）

号 / 型	衣长	胸围	肩宽	袖长
160/84A	82	106	39	61

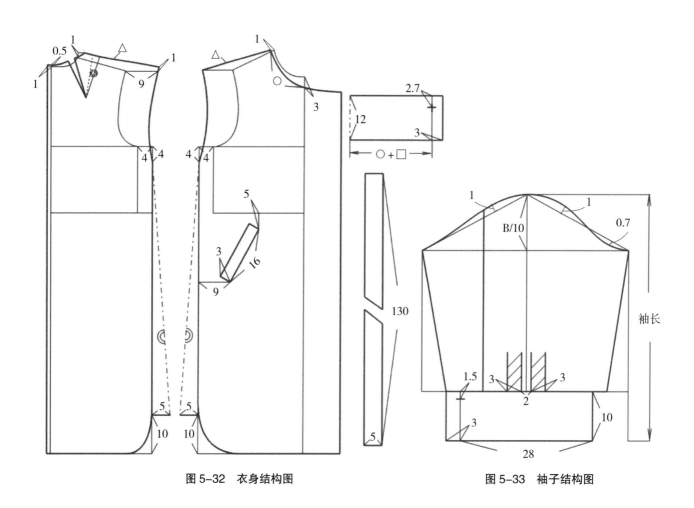

图 5-32　衣身结构图　　　　图 5-33　袖子结构图

十、不对称领口/底摆女大衣

（1）款式特点与规格：造型宽松休闲；
左右不对称领口造型，双排扣门襟，底摆
为高低不对称造型。如图5-34所示。规
格尺寸设计见表5-10。

（2）结构制图：后衣身原型肩省处
理见图5-2；前衣身原型袖窿省处理见图
5-3。将前/后衣身胸围分别加放5cm，袖
窿底下落3cm。衣身结构如图5-35所示，
袖子结构如图5-36所示。

图 5-34　不对称领口/底摆女大衣款式图

表 5-10　规格表（单位：cm）

号/型	衣长	胸围	肩宽	袖长
160/84A	90.5	116	42	52

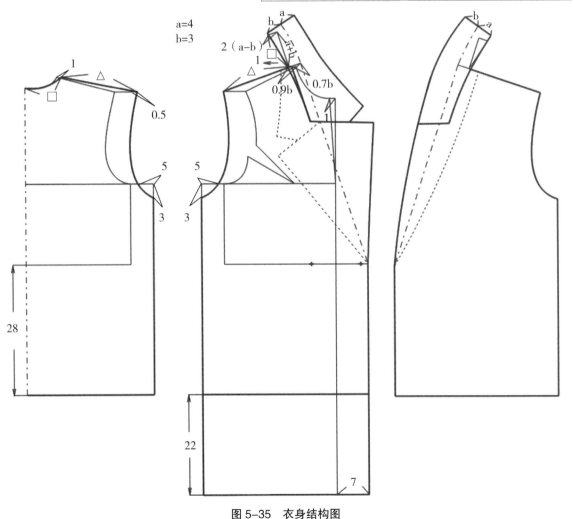

图 5-35　衣身结构图

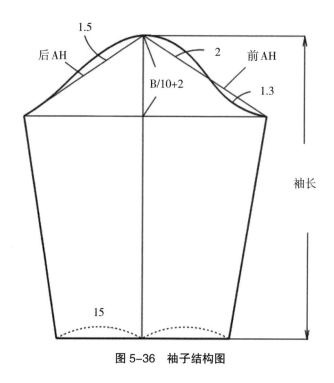

后 AH 1.5 2 前 AH

B/10+2 1.3

袖长

15

图 5-36　袖子结构图

图 5-37　插肩袖 / 双排扣系带女风衣款式图

十一、插肩袖/双排扣系带女风衣

（1）款式特点与规格：造型宽松休闲；双排扣门襟，右侧前衣身设有育克，领部为驳领结构。如图5-37所示。规格尺寸设计见表5-11。

（2）结构制图：后衣身原型肩省处理见图5-2；将前衣身原型袖窿省作为袖窿松量。前/后衣身胸围分别加放4cm，袖窿底下落3cm。前/后衣身结构如图5-38、图5-39所示，领子结构如图5-40所示。

表 5-11　规格表（单位：cm）

号 / 型	衣长	胸围	肩宽	袖长
160/84A	90.5	116	42	52

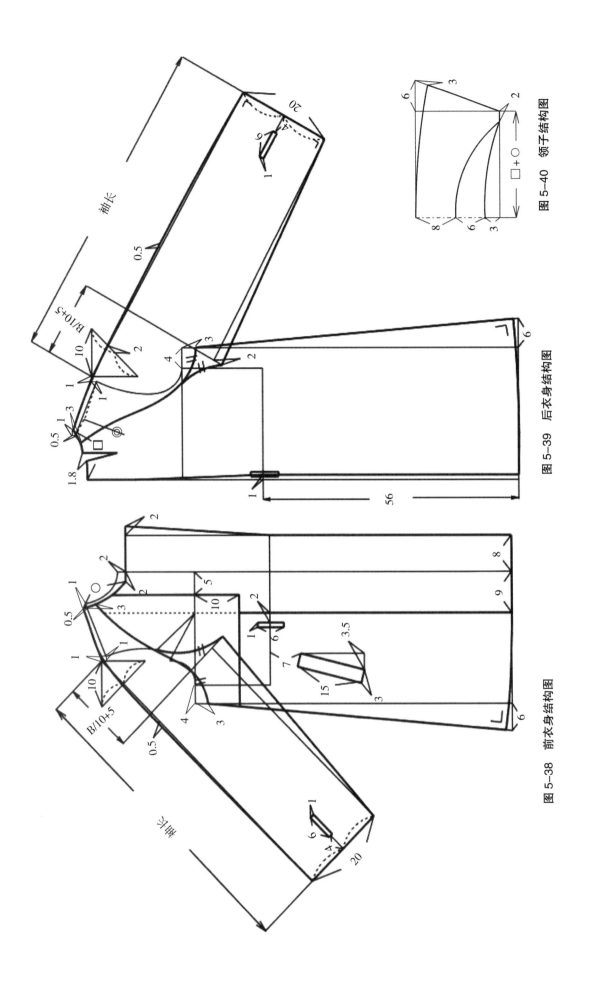

图 5-40　领子结构图

图 5-39　后衣身结构图

图 5-38　前衣身结构图

图 5-41 方领 / 斜向腰省女风衣款式图

表 5-12 规格表（单位：cm）

号 / 型	衣长	胸围	肩宽	袖长
160/84A	79	96	39	57

十二、方领/斜向腰省女风衣

（1）款式特点与规格：造型较为合体；方领，后衣身及袖口有袢带，腰省为斜向造型。如图5-41所示。规格尺寸设计见表5-12。

（2）结构制图：后衣身原型肩省处理见图5-2。将前衣身原型袖窿省部分合并转移形成1.5cm撇胸，保留1/3的量作为袖窿松量，其余部分合并转移形成衣身袖窿省。前/后衣身袖窿底下落0.5cm。衣身结构如图5-42、图5-43所示，袖子结构如图5-44所示，领子结构如图5-45所示。

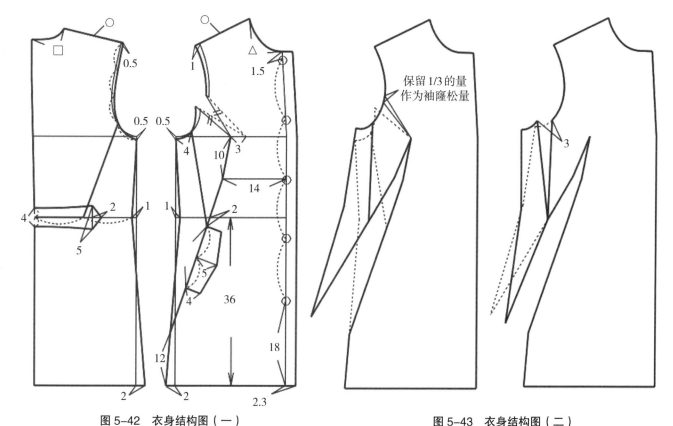

图 5-42 衣身结构图（一）　　　　　　图 5-43 衣身结构图（二）

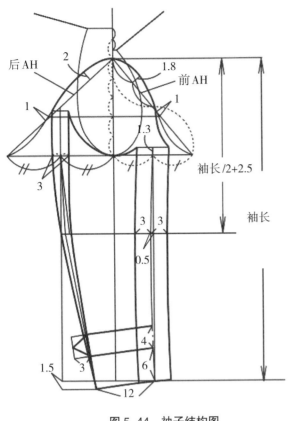

图 5-44　袖子结构图

图 5-45　领子结构图

十三、立领/双排扣/大裙摆女风衣

（1）款式特点与规格：衣身造型修身合体；领子为传统的立领造型，门襟为双排扣设计；腰部以下设有褶裥，呈现A字裙摆造型。如图5-46所示。规格尺寸设计见表5-13。

（2）结构制图：后衣身原型肩省处理见图5-2。将前衣身原型袖窿省合并形成公主线分割、腰部分割，腰部以下设有褶裥。衣身结构如图5-47、图5-48所示，袖子结构如图5-49所示。

图 5-46　立领 / 双排扣 / 大裙摆女风衣款式图

表 5-13　规格表（单位：cm）

号/型	衣长	胸围	肩宽	袖长
160/84A	90	96	39	58

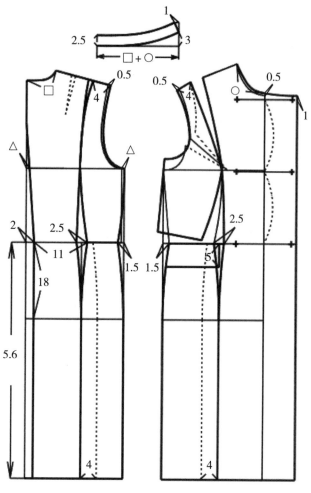

图 5-47　衣身结构图（一）

图 5-48　衣身结构图（二）

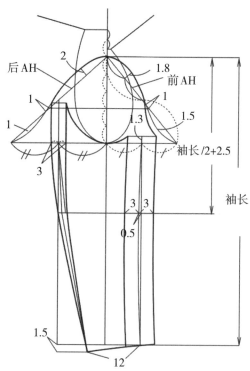

图 5-49　袖子结构图

十四、西服领/双排扣/腰部系带女风衣

（1）款式特点与规格：整体造型修身、合体；双层底摆，内层底摆为直身裙造型，外层底摆在腰部分割线处展开形成波浪裙摆造型；腰部系带；领子为西服领结构。如图5-50所示。规格尺寸设计见表5-14。

（2）结构制图：后衣身原型肩省处理见图5-2。将前衣身原型袖窿省转移形成刀背分割线。衣身结构如图5-51、图5-52所示，袖子结构如图5-53所示。

图5-50　西服领双排扣腰部系带女风衣款式图

表5-14　规格表（单位：cm）

号/型	衣长	胸围	肩宽	袖长
160/84A	82	96	38	58

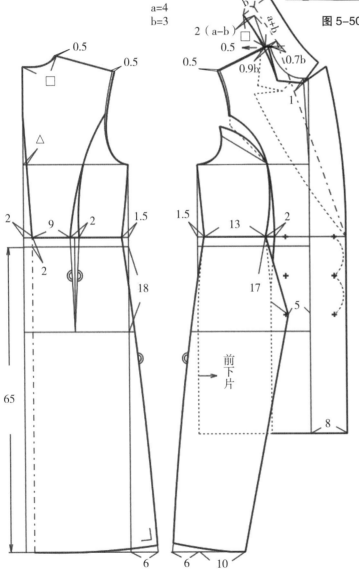

图5-51　衣身结构图（一）

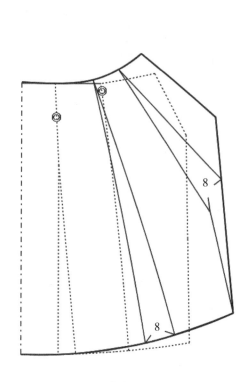

图 5-52　衣身结构图（二）

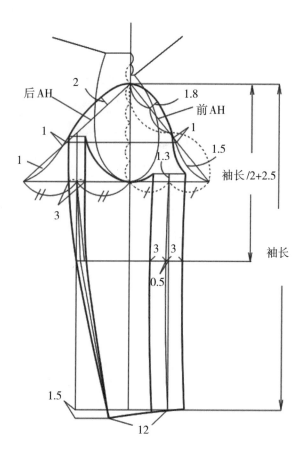

后 AH

前 AH

1.8

1

1

1.5

1.3

1

袖长 /2+2.5

3

3　3

0.5

袖长

1.5

12

图 5-53　袖子结构图

十五、衬衫领 / 衣身分割女风衣

（1）款式特点与规格：整体造型宽松适中；领部为衬衫领结构，底摆呈直线造型，前身侧缝处设有袋盖口袋。如图5-54所示。规格尺寸设计见表5-15。

（2）结构制图：后衣身原型肩省处理见图5-2。将前衣身原型袖窿省部分合并转移形成肩省，其余部分作为袖窿松量。衣身结构如图5-55所示，袖子结构如图5-56所示。

图 5-54　衬衫领 / 衣身分割女风衣款式图

表 5-15　规格表（单位：cm）

号 / 型	衣长	胸围	肩宽	袖长
160/84A	88	102	39	52

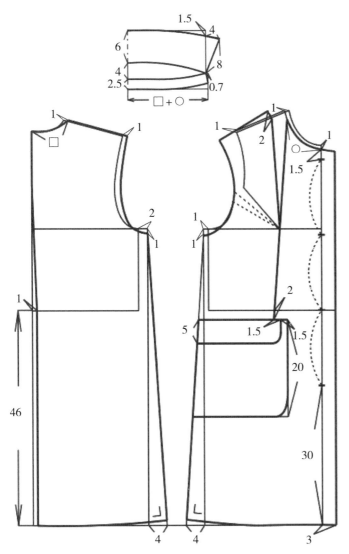

图 5-55　衣身结构图

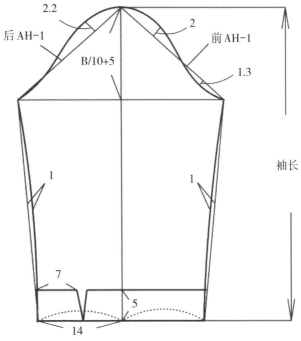

图 5-56　袖子结构图

第六章　外套、夹克款式与结构

图6-1　腰部分割修身女外套款式图

表6-1　规格表（单位：cm）

号/型	衣长	胸围	肩宽	袖长
160/84A	60	94	39	57

一、腰部分割修身女外套

（1）款式特点与规格：前衣身为暗门襟，后背设有横向分割，腰部设有分割线，分割线下部省道合并形成A字造型。长袖，袖口开衩、钉扣。如图6-1所示。规格尺寸设计见表6-1。

（2）结构制图：将后衣身原型肩省合并1/2，其余转为袖窿松量；将前衣身原型袖窿省合并转移形成公主线（见图6-2）。前衣身胸围向内缩进1cm。衣身结构如图6-3所示。袖子结构如图6-4所示。

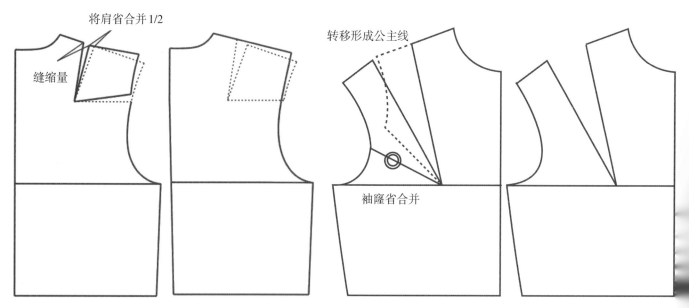

图6-2　前/后衣身省道变化

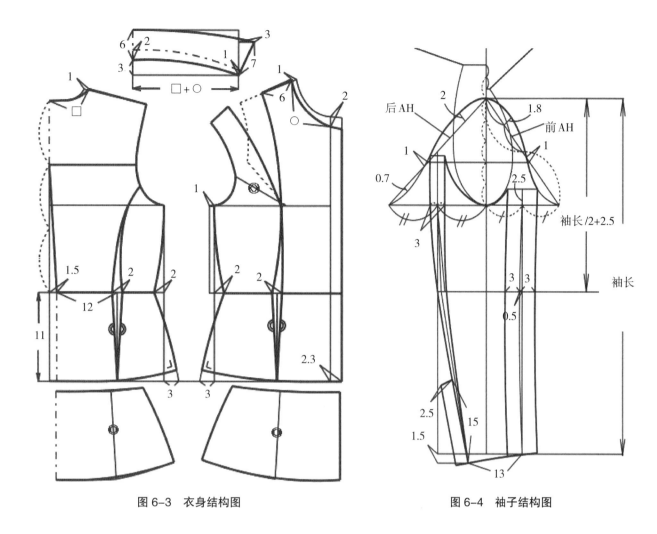

图 6-3　衣身结构图

图 6-4　袖子结构图

二、有肩袢七分袖女外套

（1）款式特点与规格：宽松廓型，衣身呈A字造型，七分袖，袖口呈喇叭造型，肩部及后衣身腰部设有袢带。如图6-5所示。规格尺寸设计见表6-2。

（2）结构制图：将后衣身原型肩省合并1/2，其余转为袖窿松量，如图6-6所示；将前衣身原型袖窿省部分合并转移为侧缝省，其余作为袖窿松量，如图6-7所示。后衣身胸围加放2cm。衣身结构如图6-8所示。袖子结构如图6-9所示。

图 6-5　有肩袢七分袖款式图

表 6-2　规格表（单位：cm）

号／型	衣长	胸围	肩宽	袖长
160/84A	51	100	41	38

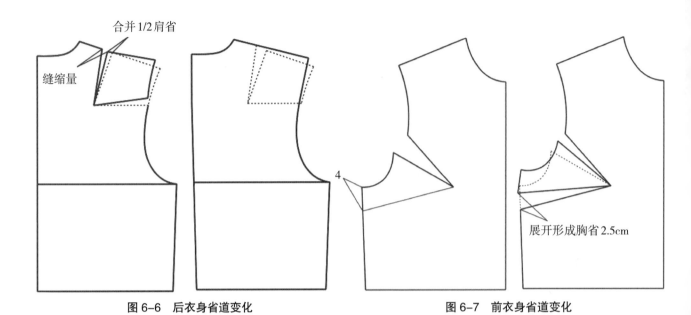

合并1/2肩省

缝缩量

展开形成胸省2.5cm

图6-6　后衣身省道变化　　　　　　　　　　　　图6-7　前衣身省道变化

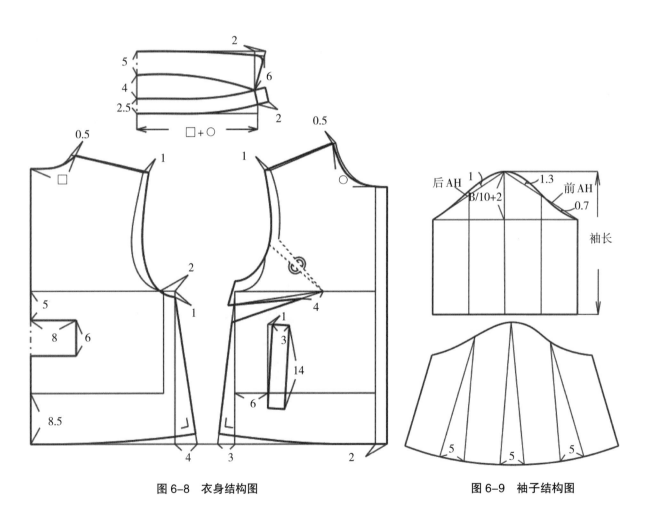

图6-8　衣身结构图　　　　　　　　　　　　图6-9　袖子结构图

三、领口斜向分割女外套

（1）款式特点与规格：款式造型简洁大方，较为合体；前衣身由领口开始斜向分割，显得独特。如图6-10所示。规格尺寸设计见表6-3。

（2）结构制图：后衣身原型肩省处理见图6-6。将前衣身原型袖窿省部分合并转移形成领口省，其余合并转移形成腰部斜向分割省道。前衣身胸围向内缩进1cm。衣身结构如图6-11所示。袖子结构如图6-12所示。

图6-10　领口斜向分割女外套款式图

表6-3　规格表（单位：cm）

号/型	衣长	胸围	肩宽	袖长
160/84A	51	100	41	38

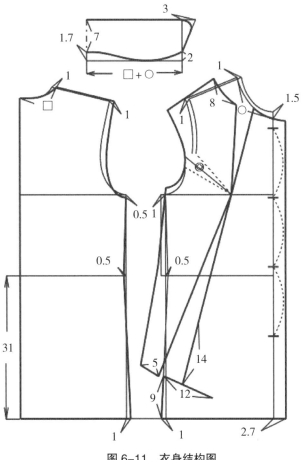

图6-11　衣身结构图

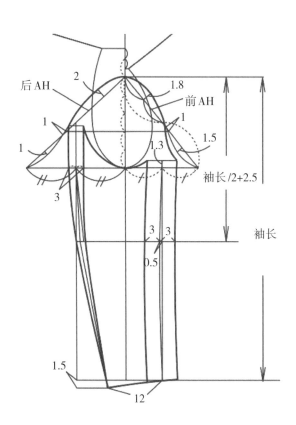

图6-12　袖子结构图

图 6-13　V 形分割 / 双层底摆牛仔女外套款式图

表 6-4　规格表（单位：cm）

号 / 型	衣长	胸围	肩宽	袖长
160/84A	60	110	44	54

四、V 形分割/双层底摆牛仔女外套

（1）款式特点与规格：宽松廓型，前衣身底摆为双层，衣身胸宽处设有分割，下部设有 V 形分割，有胸袋。如图 6-13 所示。规格尺寸设计见表 6-4。

（2）结构制图：后衣身原型肩省处理见图 6-6。将前衣身原型袖窿省合并转移形成 V 形分割。将后衣身胸围加放 4cm，前衣身胸围加放 3cm。衣身结构如图 6-14 所示。袖子结构如图 6-15 所示。

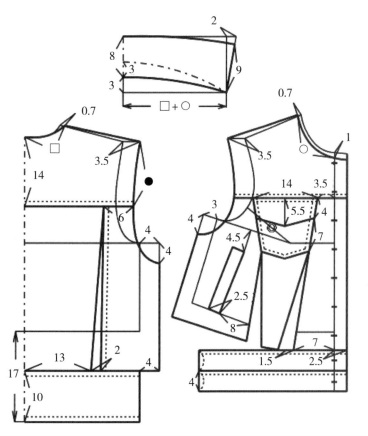

图 6-14　衣身结构图

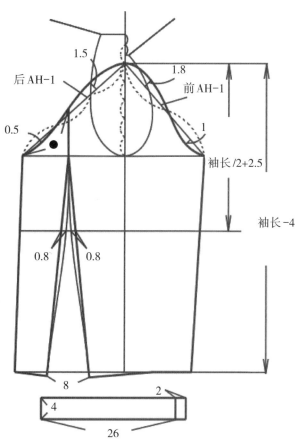

图 6-15　袖子结构图

五、拉链门襟/腰部装松紧带女外套

（1）款式特点与规格：宽松廓型，前衣身门襟设有拉链，落肩造型，腰部有松紧带，袖子造型为衬衫袖结构。如图6-16所示。规格尺寸设计见表6-5。

（2）结构制图：后衣身原型肩省处理见图6-6；将前衣身原型袖窿省保留为袖窿松量。腰部设有3cm宽的松紧带位置，前衣身有横向分割。衣身结构如图6-17所示。袖子结构如图6-18所示。

图6-16　拉链门襟/腰部装松紧带女外套款式图

表6-5　规格表（单位：cm）

号/型	衣长	胸围	肩宽	袖长
160/84A	66	128	58	48

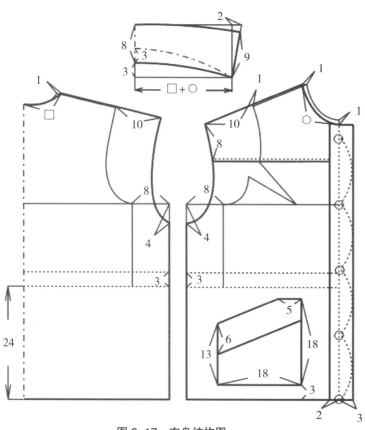

图6-17　衣身结构图

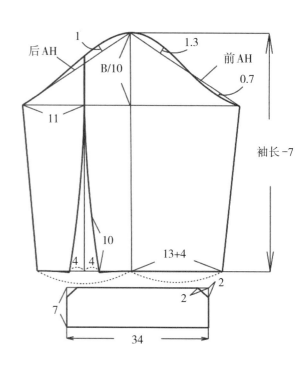

图6-18　袖子结构图

图 6-19　斜向不对称门襟女外套款式图

六、斜向不对称门襟女外套

（1）款式特点与规格：修身造型，前衣身门襟为左右长度不一致的斜向造型，领口为V字造型，袖口有翻翘。如图6-19所示。规格尺寸设计见表6-6。

（2）结构制图：后衣身原型肩省处理见图6-6；将前衣身原型袖窿省合并转移形成刀背分割。衣身结构如图6-20所示。袖子结构如图6-21所示。

表 6-6　规格表（单位：cm）

号 / 型	衣长	胸围	肩宽	袖长
160/84A	66	128	58	48

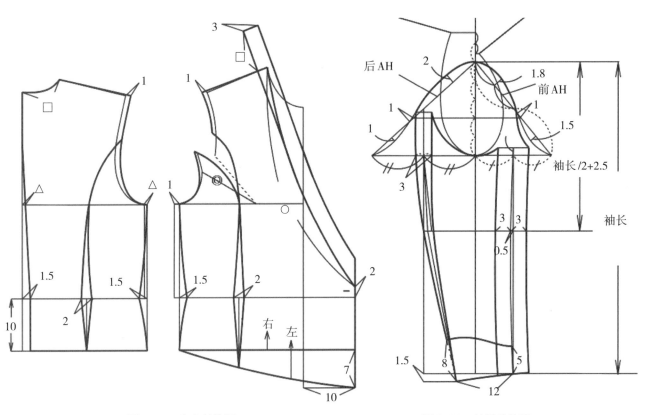

图 6-20　衣身结构图　　　　图 6-21　袖子结构图

七、V领/创意衣身分割女外套

（1）款式特点与规格：宽松造型，前/后衣身侧缝处长度不一致，后背设有活裥，前衣身为分割造型，领口为V领造型，袖窿向下设有斜向分割。袖口袖头处设有V形开口。如图6-22所示。规格尺寸设计见表6-7。

（2）结构制图：将后衣身原型肩省保留；前衣身原型袖窿省合并转移形成胸省。衣身结构如图6-23所示。袖子结构如图6-24所示。

图6-22　V领/创意衣身分割女外套款式图

表6-7　规格表（单位：cm）

号/型	衣长	胸围	肩宽	袖长
160/84A	59	92	39	60

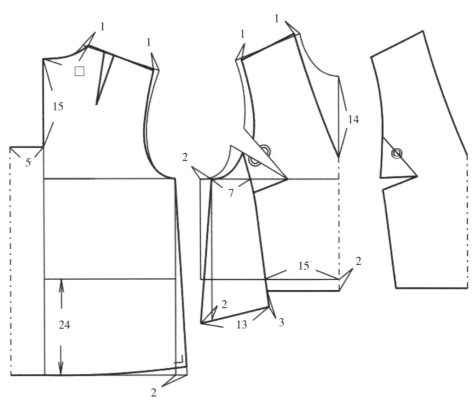

图6-23　衣身结构图

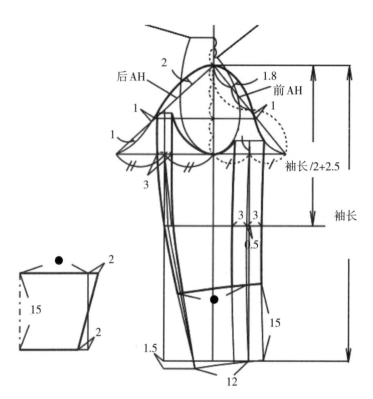

图6-24 袖子结构图

图6-25 偏襟/无领/底摆有褶裥女外套款式图

表6-8 规格表（单位：cm）

号/型	衣长	胸围	肩宽	袖长
160/84A	57	92	39	57

八、偏襟/无领/底摆有褶裥女外套

（1）款式特点与规格：修身造型，领口为V字造型连立领，偏门襟设计，底摆自腰部向下设有褶裥。如图6-25所示。规格尺寸设计见表6-8。

（2）结构制图：后衣身原型肩省处理见图6-6；将前衣身原型袖窿省合并转移形成腰部横向与纵向分割。前衣身胸围向内缩进2cm。衣身结构如图6-26、6-27所示。袖子结构如图6-28所示。

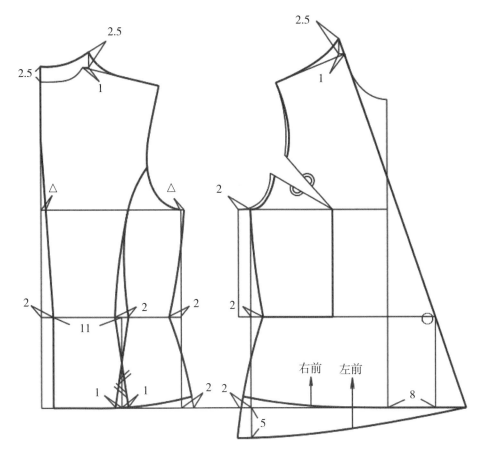

图 6-26　衣身结构图（一）

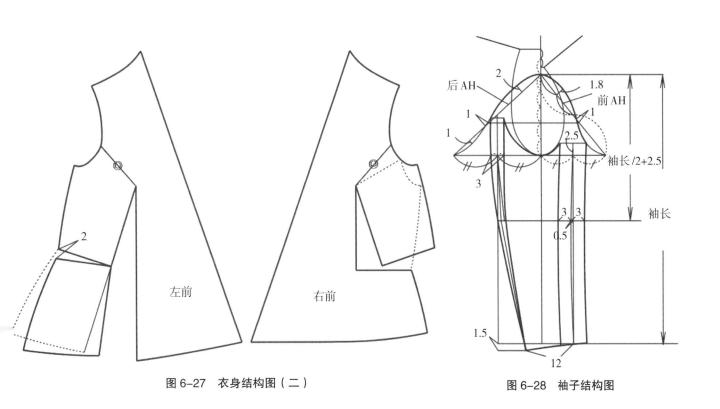

图 6-27　衣身结构图（二）

图 6-28　袖子结构图

图 6-29　领口有斜向褶裥修身女外套款式图

九、领口有斜向褶裥修身女外套

（1）款式特点与规格：修身造型，门襟左右长度呈不对称造型，领口造型为圆型连立领。右侧由衣身斜向设置褶裥，腰部系带。如图6-29所示。规格尺寸设计见表6-9。

（2）结构制图：后衣身原型肩省处理见图6-6；将前衣身原型袖窿省合并转移形成领口斜向褶裥。前衣身胸围向内缩进1.5cm，后衣身胸围向内缩进0.5cm，袖窿底上抬0.5cm。衣身结构如图6-30、图6-31所示。袖子结构如图6-32所示。

表 6-9　规格表（单位：cm）

号/型	衣长	胸围	肩宽	袖长
160/84A	61	92	38	57

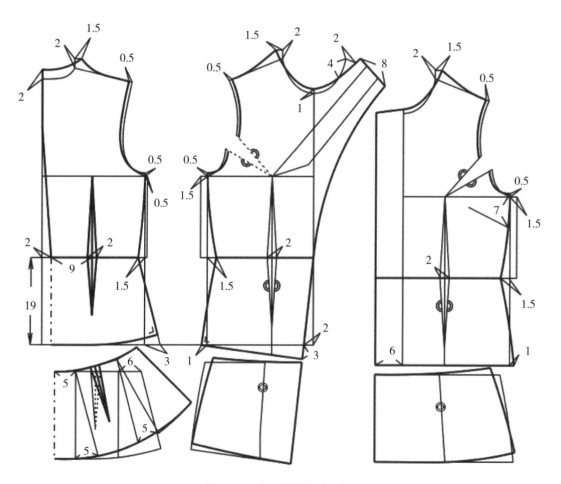

图 6-30　衣身结构图（一）

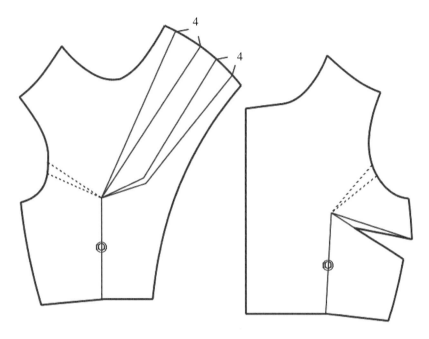

图 6-31　衣身结构图（二）

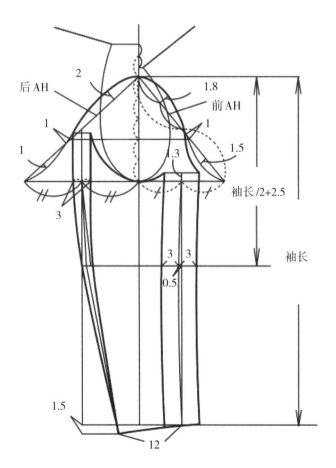

图 6-32　袖子结构图

第七章 无袖款式与结构

图 7-1 个性拼接 / 双层门襟 / 无袖女外套款式图

表 7-1 规格表（单位：cm）

号 / 型	衣长	胸围	肩宽
160/84A	60	96	36

一、个性拼接/双层门襟/无袖女外套

（1）款式特点与规格：整体呈A字造型；门襟为双层设计，前衣身设有个性分割，分割线下部省道合并形成A字造型。后衣身设有褶裥。如图7-1所示。规格尺寸设计见表7-1。

（2）结构制图：后衣身原型肩省处理见图6-6；将前衣身原型袖窿省合并转移形成肩省。袖窿底上抬1cm。具体结构如图7-2所示。

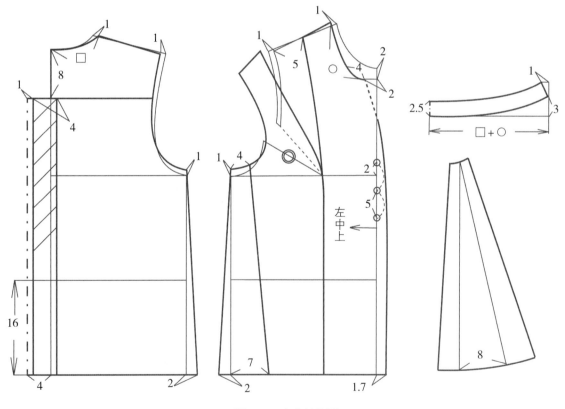

图 7-2 衣身结构图

二、领口有荷叶边飘带/无袖女外套

（1）款式特点与规格：领口设有荷叶边飘带造型。如图7-3所示。规格尺寸设计见表7-2。

（2）结构制图：后衣身原型肩省处理见图6-6；将前衣身原型袖窿省部分合并转移形成底摆展开量。袖窿底上抬2cm，后衣身胸围向外加放1cm。具体结构如图7-4所示。

图7-3 领口有荷叶边飘带/无袖女外套款式图

表7-2 规格表（单位：cm）

号/型	衣长	胸围	肩宽
160/84A	74	98	39

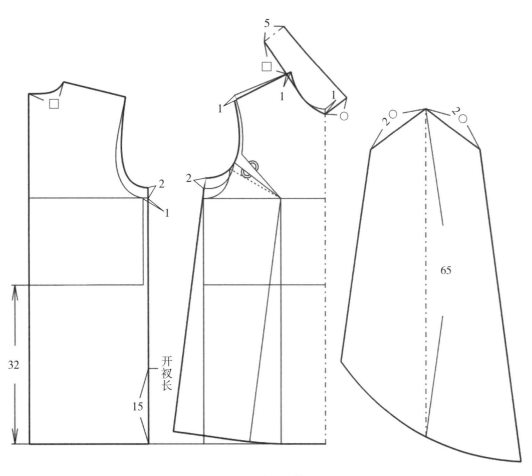

图7-4 衣身结构图

图 7-5　连翻领 / 刀背分割 / 无袖女外套款式图

三、连翻领/刀背分割/无袖女外套

（1）款式特点与规格：领口为连翻领，门襟为斜向造型，前/后衣身设有刀背分割。如图7-5所示。规格尺寸设计见表7-3。

（2）结构制图：将后衣身原型肩省保留，前衣身原型袖窿省部分合并转移形成刀背分割及肩省。袖窿底上抬1cm。具体结构如图7-6所示。

表 7-3　规格表（单位：cm）

号 / 型	衣长	胸围	肩宽
160/84A	66	94	38

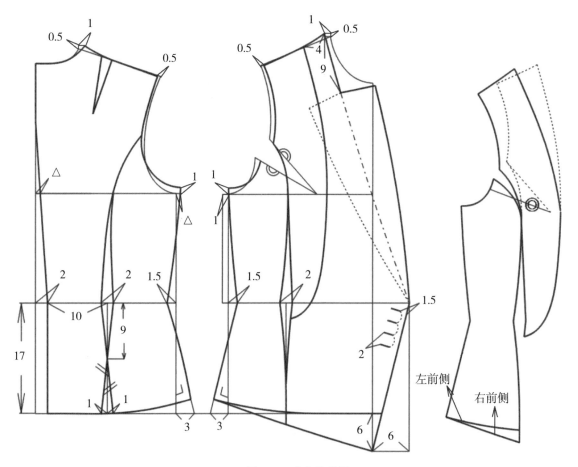

图 7-6　衣身结构图

四、双排扣/西服领/无袖女外套

（1）款式特点与规格：前/后衣身设有刀背分割，西服领，双排扣造型，衣身侧缝处设有袋盖挖袋。如图7-7所示。规格尺寸设计见表7-4。

（2）结构制图：后衣身原型肩省处理见图6-6；将前衣身原型袖窿省部分合并转移形成1.5cm撇胸，其余部分转移形成刀背分割。袖窿底上抬1cm，前/后衣身胸围分别向外加放2cm。具体结构如图7-8所示。

图7-7 双排扣/西服领/无袖女外套款式图

表7-4 规格表（单位：cm）

号/型	衣长	胸围	肩宽
160/84A	66	94	38

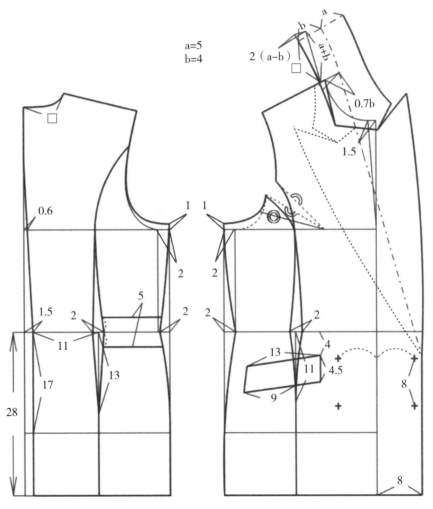

图7-8 衣身结构图

图 7-9 偏襟/腰部系带/无袖女外套款式图

表 7-5 规格表（单位：cm）

号/型	衣长	胸围	肩宽
160/84A	63	98	38

五、偏襟/腰部系带/无袖女外套

（1）款式特点与规格：领口为V字造型，偏门襟，左右长度呈不对称造型，腰部系带。如图7-9所示。规格尺寸设计见表7-5。

（2）结构制图：后衣身原型肩省处理见图6-6；将前衣身原型袖窿省合并转移形成腰省及腰部横向分割。袖窿底上抬2cm，前衣身向外加放1cm。具体结构如图7-10所示。

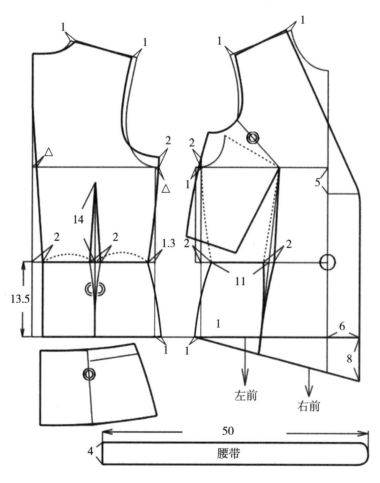

图 7-10 衣身结构图

六、双层领/肩部抽褶/无袖女外套

（1）款式特点与规格：领口为双层圆角造型，前/后衣身肩部均设有育克并抽褶，肩部镶有宽边。如图7-11所示。规格尺寸设计见表7-6。

（2）结构制图：后衣身原型肩省处理见图6-6；将前衣身原型袖窿省合并转移形成肩部抽褶，后衣身育克部位向外放出抽褶量。袖窿底上抬2cm，肩部镶边6cm。具体结构如图7-12所示。

图7-11 双层领/肩部抽褶/无袖女外套款式图

表7-6 规格表（单位：cm）

号/型	衣长	胸围	肩宽
160/84A	63	96	35

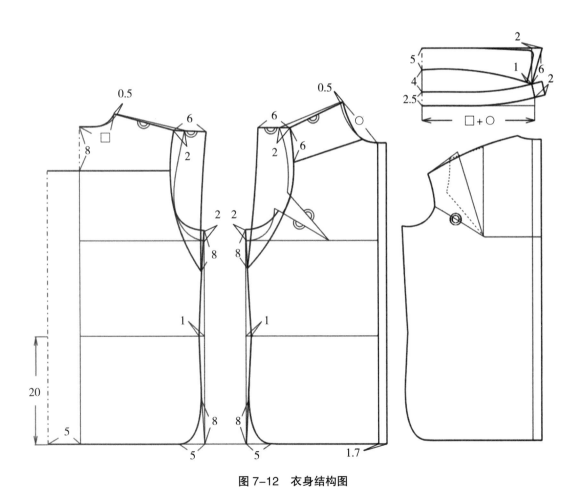

图7-12 衣身结构图

图 7-13　小方领 / 无袖牛仔女外套款式图

七、小方领/无袖牛仔女外套

（1）款式特点与规格：领口为衬衫领造型，前/后衣身肩部均设有育克，且衣身设有纵向分割。如图7-13所示。规格尺寸设计见表7-7。

（2）结构制图：后衣身原型肩省处理见图6-6；将前衣身原型袖窿省保留，作为袖窿松量。袖窿底下落2cm。具体结构如图7-14所示。

表 7-7　规格表（单位：cm）

号 / 型	衣长	胸围	肩宽
160/84A	63	96	35

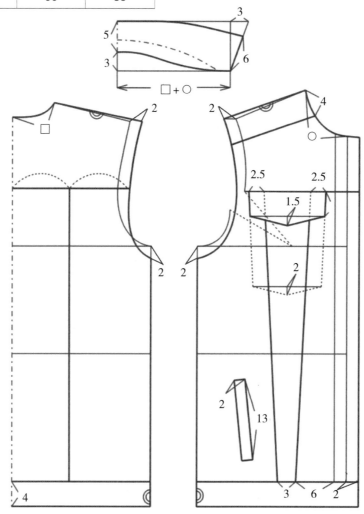

图 7-14　衣身结构图

八、无领/贴袋/无袖女外套

（1）款式特点与规格：领口为圆领造型，衣身底摆设有贴边，并在后衣身设有拉链。如图7-15所示。规格尺寸设计见表7-8。

（2）结构制图：后衣身原型肩省处理见图6-6；将前衣身原型袖窿省合并转移形成侧缝省。袖窿底上抬2cm。具体结构如图7-16所示。

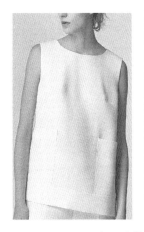

图 7-15　无领 / 贴袋 / 无袖女外套款式图

表 7-8　规格表（单位：cm）

号 / 型	衣长	胸围	肩宽
160/84A	63	96	35

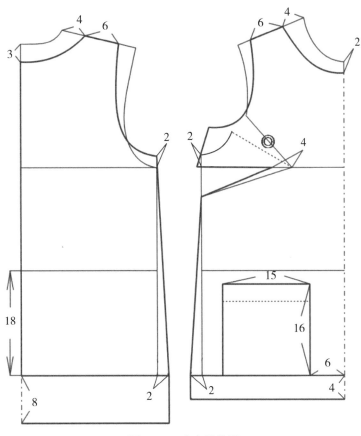

图 7-16　衣身结构图

图 7-17 个性衣身分割 / 无袖女外套

九、个性衣身分割/无袖女外套

（1）款式特点与规格：领子呈V领造型，前/后衣身肩部有省道分割，门襟与底摆为斜向设计。如图7-17所示。规格尺寸设计见表7-9。

（2）结构制图：后衣身原型肩省处理见图6-6；将前衣身原型袖窿省合并转移形成腰部省道分割。袖窿底上抬2cm，前衣身胸围向内缩进2cm。具体结构如图7-18所示。

表 7-9　规格表（单位：cm）

号 / 型	衣长	胸围	肩宽
160/84A	63	96	35

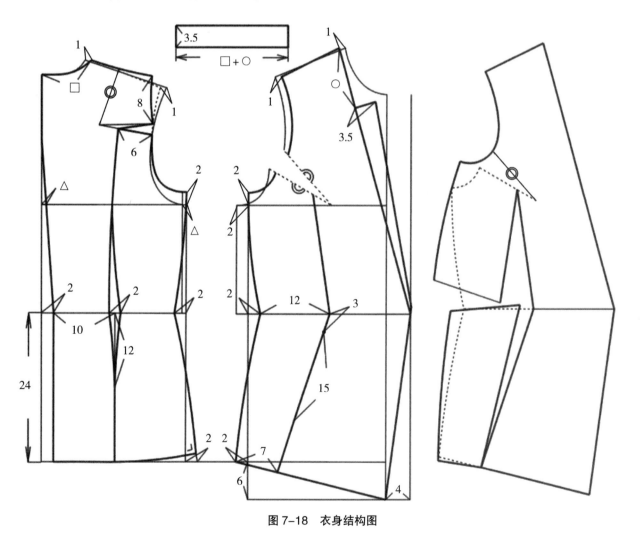

图 7-18　衣身结构图

参考文献

[1] 王雪筠.图解服装裁剪与制板技术[M].北京: 中国纺织出版社,2015.

[2] 张文斌.服装结构设计[M].北京:中国纺织出版社,2006.

[3] 刘瑞璞.服装纸样设计原理与技术—女装编[M].北京: 中国纺织出版社,2005.

[4] 刘旭.女上装结构设计: 成衣案例分析手册[M].北京: 中国纺织出版社,2017.

[5] 柴丽芳，梁琳.时尚女装结构设计与纸样[M].上海: 东华大学出版社,2019.

图书在版编目（CIP）数据

时尚女上装款式及裁剪/宋莹，邹平编著.—上海：
东华大学出版社，2023.9
ISBN 978-7-5669-2024-9

Ⅰ.①时…　Ⅱ.①宋…②邹…　Ⅲ.①女服—服装款
式—款式设计②女服—服装量裁　Ⅳ.①TS941.717

中国版本图书馆CIP数据核字（2021）第274548号

责任编辑：谭英
封面设计：Marquis

时尚女上装款式及裁剪

Shishang Nüshangzhuang Kuanshi Ji Caijian

宋　莹　邹　平　编著

东华大学出版社出版
上海市延安西路1882号
邮政编码：200051　电话：（021）62193056
出版社网址 http://www.dhupress.dhu.edu.cn
天猫旗舰店 http://www.dhdx.tmall.com
苏州工业园区美柯乐制版印务有限责任公司印制
开本：889mm×1194mm　1/16　印张：7.5　字数：264千字
2023年10月第1版　2023年10月第1次印刷
ISBN 978-7-5669-2024-9
定价：39.00